朝鮮の絹とシルクロード

曹　喜勝著
金　洪圭訳

雄山閣

原著書名──《 조선의 비단과 비단길 》
　　　　　　（訳『朝鮮の絹と（絹道）＝シルクロード』）
発　行　所──朝鮮民主主義人民共和国　社会科学出版社
発　行　年──2001年5月25日

はしがき

　人類歴史の黎明期から先進的な文化を創造してきたわが人民は、絹をも世界に先がけてもっとも早い時期から生産してきた。

　本書は、わが朝鮮が、世界に先がけて、もっとも早くから蚕の飼養を行なった事実を、文献と考古資料によって考証した。同時に、わが国の蚕の品種学的考察を通じて朝鮮の蚕が、中国の蚕とは質的に異なる独特な蚕であり、したがってわが国の蚕の飼育は、中国の蚕の飼育の影響を受けて発達したものではなく、独自的に発達したと言うことを論証した。同時に、わが国の絹が、中国の絹と区別される諸特徴をも叙述した。

　また、古代と中世期の朝鮮の絹を論じながらも、その貿易および文物交流について叙述した。わが国の蚕の品種学的考察は、沙里院桂応祥農業大学蚕学研究所の幇助を多く受けたことを付言する。

目　次

はしがき

第1章　朝鮮の絹の起源……………………………………………5
1．文献史料で見た朝鮮の養蚕……………………………………5
2．考古学的資料を通じて見た朝鮮の養蚕………………………9
3．朝鮮蚕に関する品種的考察……………………………………19

第2章　朝鮮の絹の特徴……………………………………………25
1．楽浪の絹…………………………………………………………25
2．文献から見た朝鮮絹の特徴……………………………………33
3．朝鮮の独特な絹…………………………………………………36

第3章　朝鮮中世期の絹とシルクロード…………………………41
1．三国期の絹とシルクロード……………………………………44
　（1）三国期の絹…………………………………………………44
　（2）朝鮮で出土した西域文物…………………………………48
　（3）サマルカンドへの高句麗使臣派遣………………………54
2．シルクロードの日本列島への拡張……………………………65
　（1）日本に伝播された朝鮮の養蚕と絹………………………65
　（2）朝鮮絹織りの盛行とシルクロード………………………73
3．渤海と後期新羅期のシルクロードと貿易……………………79
　（1）渤海シルクロードと貿易…………………………………79
　（2）新羅の貿易とシルクロード………………………………90
　　①新羅と唐との貿易…………………………………………90
　　②新羅－日本との貿易、「正倉院」の宝物…………………96
　　③新羅人のシルクロード……………………………………101

4．高麗の絹生産とシルクロード………………………………………107
  (1) 高麗の絹………………………………………………………………107
  (2) 宋との貿易、海上のシルクロード………………………………109
  (3) 女眞との貿易…………………………………………………………114
  (4) 大食国商人との貿易………………………………………………115
  (5) 外国の使臣と商人に対する歓待…………………………………117

付録　6～7世紀の高句麗－突厥関係………………………………………121
  1．突厥史の概観および高句麗－突厥の歴史的背景………………122
  2．607年、啓民帳幕への使臣派遣……………………………………129
  3．7世紀中葉、サマルカンドへの使臣派遣…………………………137

訳者あとがき

第1章　朝鮮の絹の起原

1．文献史料で見た朝鮮の養蚕

　絹は、俗に絹織物とよばれる。絹織物は、蚕の繭で作った糸である生糸・玉糸・練糸などをもって織った織物をいう。したがって桑の蚕の糸でも、野生の蚕の糸でも絹織物という時には必ずや、蚕の繭の糸を原料にして織った織物をいう。それ故に、どういう絹でも絹の生産は、必ず蚕の繭と直接に連結している。

　良質の絹の生産は、産卵から桑の葉で飼い、繭を作る時までの飼養管理技術がなければならず、また、桑の栽培も重要である。蚕の繭からセリシン（Sericin）を除去する技術と、糸を繰ぐ機織りの技術もすぐれていなければならない。

　絹の生産は、原料である蚕の繭の生産からはじまる。したがって、絹がいつから生産されたかという問題は、結局、いつから蚕を養いはじめたかという問題に帰着する。絹織物の原料である蚕の繭は部分的に野性蚕の繭を使用することもありうるが、だいたいにおいては桑の蚕の繭を熟して使用するのが普通である。

　いうまでもなく、蚕も本来は野蚕、すなわち野生の蚕を人間が飼育使用したのがはじまりであり、それが絹の発生であるということは、再論する必要もないであろう。

　それでは、朝鮮においての養蚕は、いつ頃からはじまったのであろうか。

　この問題を検討するに先立って、世界的に養蚕がもっとも早いと言われている隣国、中国の養蚕と絹織りについて垣間見る必要があ

ると思われる。中国の養蚕についてもっとも早い記録は、『蚕経』という本に書かれた伝説である。そこには皇帝（軒轅皇帝ともいう）の妻である西陵氏が、はじめて蚕を養いはじめたと記述している。周知のように軒轅皇帝は、中国のもっとも古い伝説上の人物であって、暦・算・律・文字・医薬などの多くのものを百姓に教え、中国文明の曙光を与えたと言われる。尭・舜・禹などの伝説は、それ以後のことである。まさに、この伝説的人物である軒轅皇帝の妻が、はじめて養蚕を行なったという。

けれども、軒轅皇帝は、あくまでも伝説上の人物であり、彼の墳墓が発掘された事実もない。その他にも、中国側の資料としては、殷（紀元前1150〜1050年頃）の時の卜辞に糸・帛・巾・桑などの漢字とともに蚕と解釈できる虫形の文字もあるといわれ、この時期に綾に該当する紋様がある絹の遺物も出土したという。

要するに中国における養蚕は、紀元前27世紀頃に始まったと見られ、これを世界における養蚕と絹織物生産の開始と見るようである。すなわち、中国の養蚕が、東西に拡散して普及されたように言われている。中国の養蚕が紀元前400年頃、インドに伝えられたのが、紀元前325年にアレクサンドロス大王のインド遠征の時、西アジアおよびギリシアに広がり、進んで地中海沿岸にまで広がったというのがそれである。

また、過去、日本人の学者は、朝鮮の養蚕も箕子のため、中国の養蚕技術が伝来されたかのように事実を歪めて喧伝された。けれども、それは事実をよく知りもしない、誤って主張した判断であったと言わざるをえない。なぜならば、わが祖先は中国人と接触をもった遥か以前、独自に桑蚕を養って糸を繰ぎ独特な衣服を作って着用した。また、蚕自体も中国のものとは判然と異なるものであった。

朝鮮での養蚕と絹織りは、長い歴史を有している。いうまでもなく、わが国においていつ頃から養蚕を行なっていたかの決め手にな

る記録はない。けれども、だいたいいつ頃から養蚕を行なったかという傍証的資料は、多く存在している。

まず、古文献の伝承を見ることにする。

『三国遺事』に載っている「古朝鮮」条には、檀君神話がある。それによると、檀君の父である桓雄天皇は、風と雨・雲を司り、農業と生命・疾病と刑罰・善悪を司るなど、およそ人間生活360余種の事柄を主管したという。そうでありながら、天下の政治と教化を司ったという。

人間の360余種の中には「農桑」、すなわち、農業と養蚕が含まれていたことは、明白である。朝鮮の歴代王朝においては「農桑は国家の基本」、「耕（農業）と蚕（養蚕）は国の根源」などと言いながら農業と養蚕をともに重要視して奨励した。

わが国においては、歴史的に農業は常に養蚕がともに併行した。例えば、紀元前のこととして新羅と百済の始祖王が、農業と桑を奨励した記録[1]があるが、これは紀元前の久しい昔から農事と養蚕が不可分離の関係にあったことを示している。それはおそらく「農桑は衣（衣服）と食（食べること）の根本であり、王政の優先すること」[2]という理念から出たものであり、また、実際にわが国における農事と養蚕の歴史が久しい事実の直接的反映であると思われる。

また、『三国志』濊伝・韓伝には、濊と三韓人らが桑養蚕をよく知っていたことが指摘されている。この記録などには、百済・新羅よりももっと早い時期の事実を反映している。

それよりも早い時期である後朝鮮時期の歴史的事実を伝える記録にも、紀元前12〜11世紀頃、すでに朝鮮において養蚕が行なわれていたことが書かれている（『漢書』地理志）。箕子云々の記事がそれである。

檀君の父、桓雄天皇が人間360余種のことを主管したという記録の中には、農事とともに養蚕も間違いなく含まれていたと確信するこ

とができる。伝説などにも檀君は、槍を担って征服戦争に出かけたし、彼の妻は家において蚕を養ったと言い伝えられている。

　朝鮮の養蚕は、考古学的遺物からも確認できるように、約6000年以前にはすでにはじめられていた、と見ることができる。

注

(1)　『三国史記』巻二三、百済本紀、始祖王38年3月条。『同』巻一、新羅本紀、始祖王17年、婆娑泥師今3年条。

(2)　『高麗史』巻七九、食貨志、農桑条。

2．考古学的資料を通じて見た朝鮮の養蚕

わが国における養蚕の悠久性は、考古学的資料を通じても確認できる。

わが国の蚕は、桑の葉を食べる絹糸昆虫である桑蚕であった。蚕は、いかなる木の葉を食べるかによって桑蚕・柞蚕(さくさん)・蓖麻蚕(ひまさん)などに分けられる。

わが祖先は、早くから野蚕を順化して桑蚕を飼育しはじめた。その飼料も朝鮮の野生桑の葉であった。朝鮮には、各品種の野生桑が多く存在している。朝鮮人は、各種の桑の葉を利用して、蚕の飼料に使ったのである。

朝鮮の新石器と青銅器時代の遺跡からは、人間生活になくてはならない貴重な日常生活用器である各種の土器が数多く出土した。ところで、土器の中には、特異にも、器(うつわ)の底に木の葉がついているとか、故意に刻まれたものが稀にではあるが、出土する。

そのような代表的遺跡としては、ピョンヤン市三石区域湖南里南京遺跡・平安北道龍川郡新岩里砂山遺跡・咸鏡北道先鋒郡屈浦里(当時)西浦項遺跡・慈江道江界市公貴里遺跡(青銅器)などがある。代表的ないくつかの実例を見ることにする。

南京遺跡においては、青銅器時代の文化層である31号住居址から出土した10個の土器中、登録番号5・17・38号の土器の底面に木の葉が刻まれていた。木の葉には、円の中心点に非常に太い線で主線を刻み、そこへおのおの対称的に5個の支線を刻む方法で木の葉を刻んだ。支脈には、何らの線もない[1]。新岩里砂山遺跡の第2文化層から多くの土器が出土したが、平らな器の底面に木の葉が刻まれていた[2]（図1）。

西浦項遺跡においては新石器時代4期層の22号住居址から出土し

 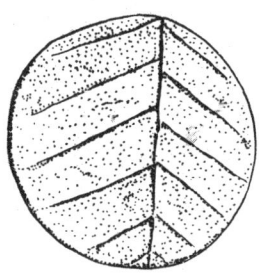 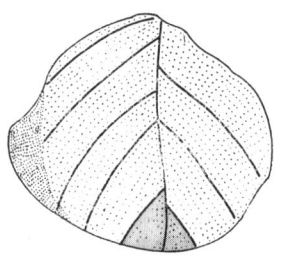

図1　土器底面にある桑葉　　図2　土器底面にある桑葉　　図3　土器底面にある桑葉
　　（龍川郡新岩里砂山遺跡）　　　　（江界市公貴里遺跡）　　　　　　（江界市公貴里遺跡）

た土器1点と堆積層から出土した2点の土器の底面に木の葉が描かれていた(3)。

　青銅器時代の遺跡である公貴里遺跡の4号と5号の住居址から出土した126個分の土器の中で、いくつかの土器の底面に木の葉を敷いていた痕跡が発見された(4)(図2、3)。

　では、新石器時代の文化層の住居址から出土した土器の底面についていた、あるいは刻まれていた木の葉の正体は、何であったのか。結論をいうと、それは桑の葉であった。

　青銅器時代の文化層から出土した土器の底面の木の葉は、一連の共通性をもっている。諸土器が出土した時期は互いに異なるが、木の葉の形態と姿が、一様に全く同じである。真ん中に太い主線を刻み、5、6個の支線が描かれているなどは、全く同じ木の葉を描いたものである。少なくとも現在残っている南京遺跡と新岩里遺跡・公貴里遺跡などから出土した土器の底面の木の葉についての資料を総合して考察すると、それは明らかに桑の木の葉に違いない。桑の木には、朝鮮桑・毛桑・山桑・尾桑など種類が数多いが、上記の遺跡から出土した土器の底面の木の葉は、山桑の葉とよく似ている(5)。

　では、どうして多くの遺跡の土器に桑の葉がついたり、刻まれるようになったのか。それについては、いろいろと解釈できる。一つは、土器を形成した後、水気がある壺などをなまのまま地面に置く

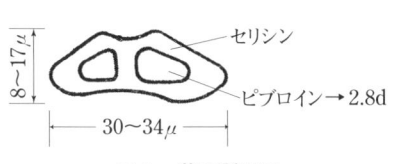
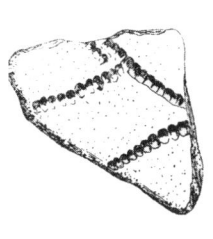
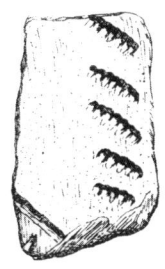

図4　繭の断面図　　　　図5　土器に刻まれた蚕の紋様
　　　　　　　　　　　　　　　（鳳山郡智塔里遺跡）

ことができないので、周辺に散らばっている桑の葉を集めてきて、その上に置いたという推測である。他の一つは、土器を成形する匠工人が周辺に多い桑の葉を描いたという推測である。しかしより重要なのは桑の葉が、生活上において貴重な蚕の繭の糸を抜き出す蚕が食べる木の葉であることから、土器に文様として刻んだと見るべきであろう。

　蚕は、口から蛋白質の繊維の糸をはきだす絹糸虫である。元来、かいこは漢字で「蚕」と書く。それは蚕が、天が下さった虫と考えたところから、そのような文字ができたものといわれる。わが祖先は、最初、蚕を非常に稀なものとして考え、蚕が食べる桑の葉も新奇に思ったらしい。このようなところから匠工人らは、土器の底面に桑の葉を描いたのであろうと思われる。

　朝鮮の新石器時代と青銅器時代の人々は、蚕の飼料である桑の葉だけを土器に刻んだばかりでなく、蚕それ自体も土器に刻んだ。

　新石器時代の黄海北道鳳山郡智塔里遺跡第二地区から出土した土器には、蚕を何匹もくりかえし刻んで一つの紋様を形成している。大きな土器の口縁部を廻りながら蚕の紋様を傾けて何条ずつかを刻み、その下に白樺の葉の紋様を描いたものが、まさに、それである[6]（図5）。

　智塔里遺跡から出土した土器に刻まれた蚕（図5）は、上面に10個以上の丸い節があり、また、それぐらいの数の足が下の方について

いる。蝶科に属するすべての昆虫の幼虫を調査した結果に基づいて、智塔里遺跡出土の土器に刻まれた幼虫を観察したところ、それは桑蚕であるという事実が、はっきりするようになった。それも体の上にとがった毛がでた柞蚕・山蚕・燕尾蚕・蓖麻蚕・栗の木の蚕ではなく"山桑くわこ"と全く同じであることが指摘できるようになった。特に、丸節の屈曲と足、頭部位のボコッと突き出したところなどは、山桑くわこそのものである。

周知のように蚕は、前頭部から尾まで約12個ぐらいの節があり、前の3節には3双の胸足、6節から9節までの4個の節には腹足、最後の節には一双の尾節、全部で8双の足がある。まさに、上記した智塔里遺跡の土器に刻まれた紋様と、桑蚕は同じもので、他の虫のように角とか毛のようなものはなく、疑いもなくこれは蚕である。

さらに注目される事実は、智塔里遺跡ではこのような蚕を一つだけの紋様とした事実である。

かいこを刻んだ紋様は、ただ智塔里遺跡から出土した土器にだけあるのではなく、弓山遺跡においてもかいこの形を紋様化して刻んだ土器が出土した（『智塔里遺跡発掘報告』38～39頁）。

新石器時代と青銅器時代の土器に刻まれた蚕と、その飼料となった山桑の葉の存在、これはこの時期にすでにわが祖先は、桑蚕の飼養と桑の栽培を日常的に行なっていたことを物語っているのである。

新石器時代と青銅器時代の遺物として、蚕を形象した彫塑品も出土した。昔の古朝鮮の領域であった鴨緑江の対岸、現在の遼寧省東枸県馬家店鎮三家子村后窪遺跡から出土したのが、まさにそれである[7]。

后窪遺跡の下層（4期層）の住居址からは、長さ2.6cm、直径0.4cmほどの小さなかいこ状の彫塑品が多くの遺物とともに出土した。丸い餅状のボコッと出た目玉と嘴まで繊細に形象したその姿は、間違いなく蚕である。それに、体に丸い節段まで刻んであった。目玉と丸節を刻んであるとか、体に蚕の丸節位の節を作ったものなどは、

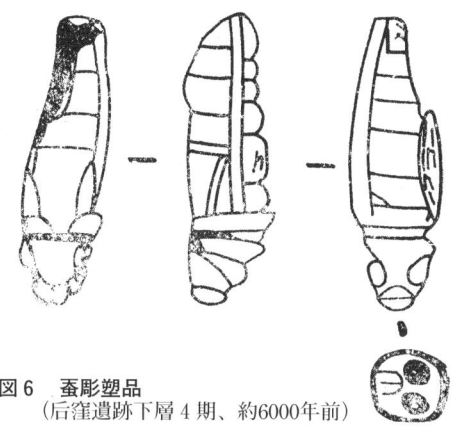

図6　蚕彫塑品
（后窪遺跡下層4期、約6000年前）

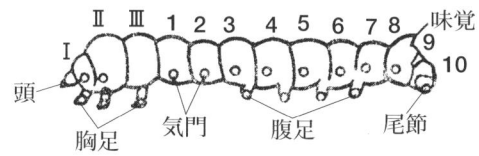

図7　蚕の蛹の模式図：Ⅰ～Ⅲ、胸節
　　　　　　　　　1～10、腹節

全く蚕そのものである（図6、7参照）。上部には、翼まで形象してある。后窪遺跡の下層文化の総体は、まさに朝鮮の新石器文化そのものである。年代と炭素14などで推定した結果、今から6055±170年[8]などと各種のものが出土した。

　結論的にいって、今から6000年前の文化遺跡である。

　内外の歴史記録を通じて、わが国では久しい以前から蚕の飼養と糸を繧ぎ各種の糸を編んで、針糸と釣り糸に使用したし、網も作ったことが知られている。それは種々の針の出現が証明してくれる。また新石器時代の文化層から出土した土器に刻まれた蚕の紋様と蚕の飼料用桑の葉・紡錘車などは、これを有力に確証してくれる（図8、9、10、11、12、13）。

智塔里遺跡と南京遺跡などを残した新石器時代と青銅器時代の人々は、農業と漁業などの生産活動に従事する人々であった。『三国志』(『魏書』韓伝)に記述されているようにわが祖先は、久しい以前から五穀と蚕、そして桑を知っている人々であった。彼らは、農業を行なうことを知っていたし、同時に上手に蚕を飼養することも知っていた。

　前述した新岩里・南京・西浦項などの遺跡は、紀元前3000年を遥かに溯る遺跡であった。したがって、わが国における蚕の飼養は、今から少なくとも6000年よりも以前からはじまったと言える。その開始期は、どこまで溯るか現在では知ることができない。

　今後、これらの遺跡の絶対年代が再検討されるに従って、わが国の蚕飼養の歴史もそれ相応に溯るであろう。

　これ以外にも、わが国においては、久しい以前から蚕の飼養がはじまっていたことを裏づける資料が、多く存在している。紡錘車もその中の一つである。

　西浦項遺跡の新石器第3期層と弓山遺跡・金灘里遺跡などから諸種の紡錘車が出土した。蚕の彫塑品が出土した后窪遺跡からも紡錘車が出土した。紡錘車の出現は、蚕の飼養と分離しては考えられない。

　周知のように高麗の時代に木綿が使用されるが、それ以前までの朝鮮人民の衣服源泉－繊維原料になったのは、大麻から抜いた麻糸と蚕繭で作った絹糸の2種類であった。ところで糸を作る方法で見れば紡錘車は、草綿と動物の毛から糸を縋ぐ道具であった[9]。大麻は、長い軟皮繊維を割って継ぐ方法で糸を作るが、紡錘車は麻糸を作るための糸縋ぎではなく、蚕の繭を熟めて作った草綿から糸縋ぎをする手工業的紡績手段であった[10]。

　新石器時代に出現しはじめた紡錘車は、青銅器時代にはいり、その数量はもっと多くなり、その質的水準も一層高くなった。これはわが国における糸の生産が顕著に発達したことを物語っている。

第1章　朝鮮の絹の起原　15

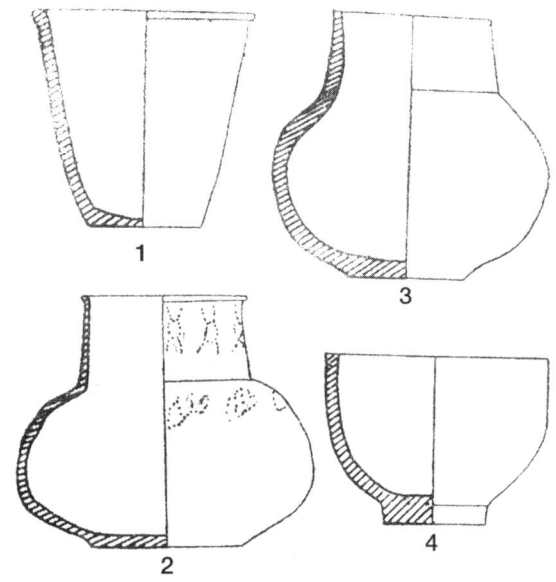

図8　后窪遺跡上層の土器

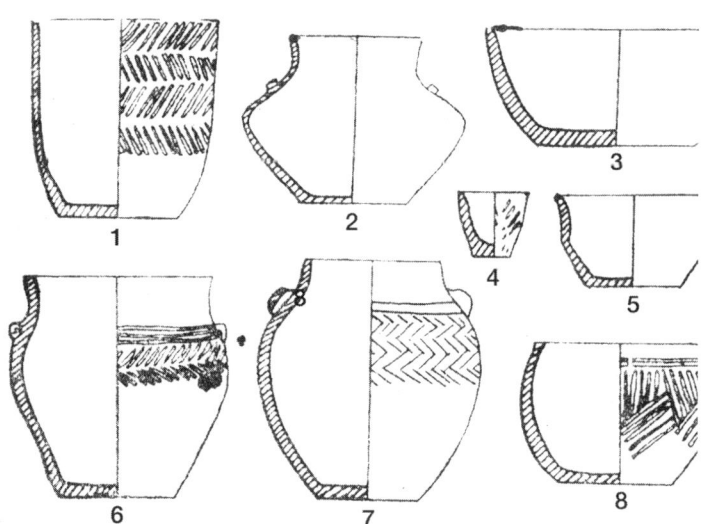

図9　后窪遺跡の土器（1）

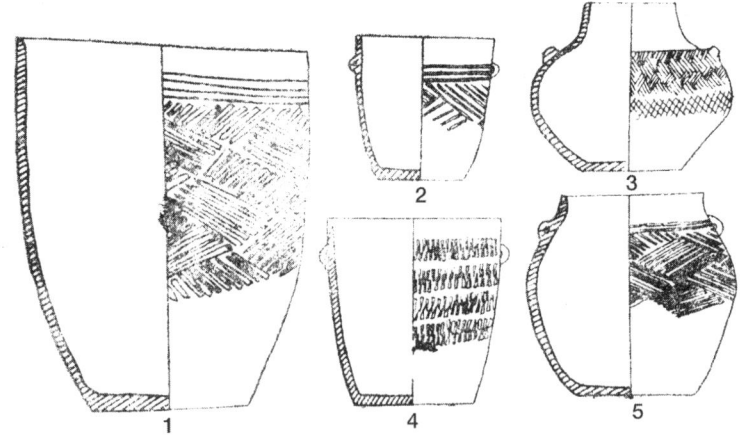

図10 后窪遺跡の土器（2）

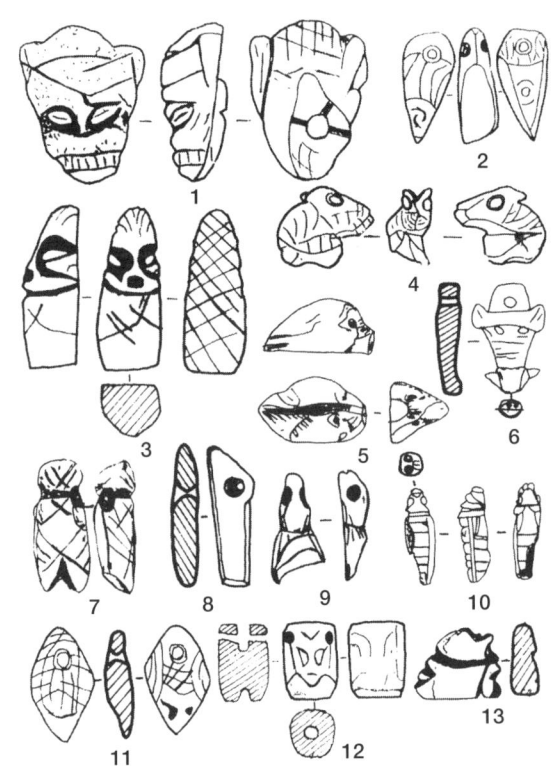

図11 后窪遺跡下層の滑石彫塑品

第1章　朝鮮の絹の起原　17

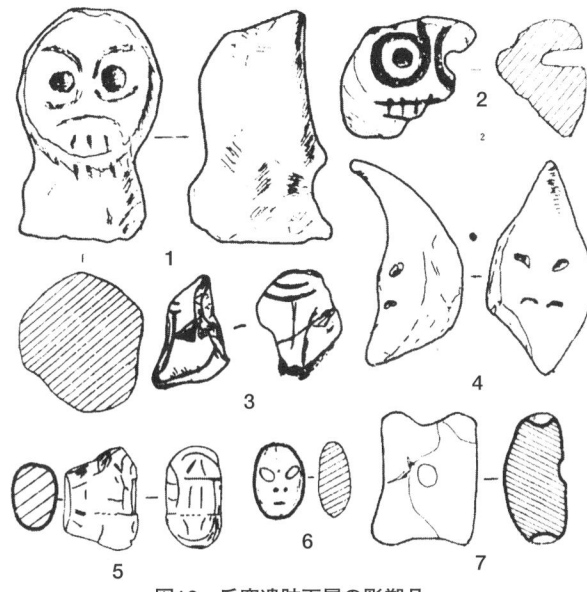

図12　后窪遺跡下層の彫塑品

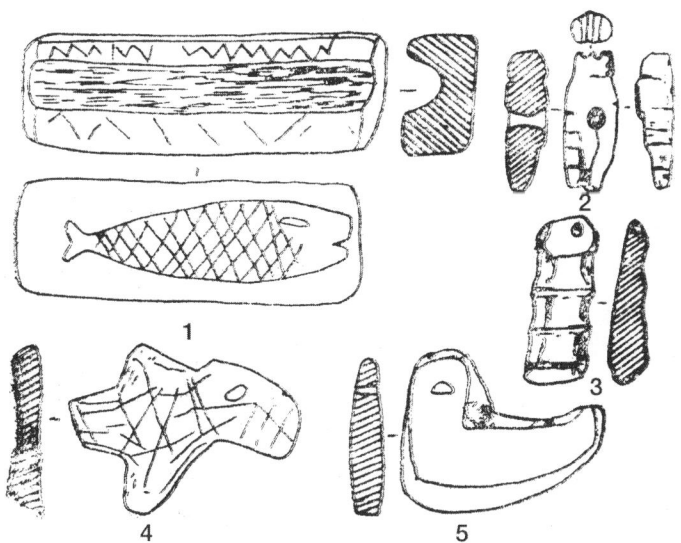

図13　后窪遺跡下層の玉石彫塑品

このようにわが国においては、新石器時代から紡錘車が出現したが、それはすなわち、わが国における蚕の飼養歴史の悠久性と、その開始期を明らかにしている。けれども、わが国の新石器時代の人たちが、その当時、すなわち絹の衣服を作って着たとは断定し難い。初期においては、漁労作業などに使われた糸とか、網を作るのに使われたであろう。それが漸次発達して、青銅器時代に入って布を織りはじめたとみられる。

注

(1) 『南京遺跡についての研究』科学百科辞典出版社、1984年、51～52頁。
　　 『朝鮮遺跡遺物図鑑』第1巻、1988年、写真参照。
(2) 『考古民俗』1966年3号、23頁。
(3) 『考古民俗論文集』4、社会科学出版社、1972年、100頁。
(4) 『江界市公貴里遺跡発掘報告』科学院出版社、1959年、46頁および写真24。
(5) 『植物原色図鑑』科学百科辞典出版社、1988年、62～64頁の挿図と写真。
(6) 『智塔里遺跡発掘報告』科学院出版社、1961年、38～39頁。
(7) 「遼寧省東枸県后窪遺跡発掘概要」『文物』1989年2期、1～21頁。
(8) 同　上。
(9) (10) 元来、大麻から糸を作る方法は、まず皮を剥いだ軟皮繊維を水に浸しておいて、その次に細く割った麻糸に鉤を出し、長い糸を作る。したがって、ここには紡錘車がいらない。紡錘車に木の棒を挿し入れたものを土代というが、土代は草綿と毛、木綿などを紡糸の原理で長い繊維を作って利用した。草綿で紡錘車を挿し入れて作った土代をもって糸を抜いて織った布を土紬といった。新石器時代には木綿もなかったし、毛皮は乾かして着用したし、毛糸を縋いで使ったとは考えられないので、紡錘車は蚕の繭を灰水で蒸して熟めた草綿で糸を縋ぐ基本手段であったろうと思われる。

3．朝鮮蚕に関する品種的考察

　わが国の蚕と蚕の飼養が、朝鮮固有の品種であり独特な蚕の飼養であったことは、朝鮮蚕の品種を垣間見てもよくわかる。わが国の土着野生かいこ（三眠蚕）は、朝鮮において起源した野生蚕から産まれた。それは、遺伝学的にも血清学的にも充分に説明ができる。

　山蚕の紋様は、桑蚕の紋様とよく似ており、蚕の卵と幼虫、蝶の形態も桑蚕に似ている。桑蚕と山蚕とは、血清学的反応も同じであり、互いに交雑もよくでき、その後代はそのままよく成長する。土着三眠の蚕の繭は、山蚕の繭のように黄色い繭で、色が少し黄色がかったのが特徴である。

　わが国の土種の三眠蚕が独自的で固有なものであり、また中国と全く系譜が異なるということは、蚕の染色体一つをみても確認できる。

　今日のすべての桑蚕の体細胞の染色体数（2n）は56個であり、生殖細胞（半数体n）は28個である。

　しかし中国をはじめ大陸に野生する山蚕の体細胞の染色体数と生殖細胞数は各々56個・28個である。ところで、唯一わが国において野生する山蚕の生殖細胞だけが27個である。これは、はたして何を物語っているのだろうか。それは第一に、土種の三眠蚕が、朝鮮に野生する山蚕から進化したということと、また山蚕もやはり朝鮮の地で発生した絹糸虫だということである。第二に、朝鮮の山蚕の染色体が27個であり、中国をはじめ大陸の山蚕は28個という事実は、両地域の系譜・祖先が異なるということを雄弁に語っている。

　このように朝鮮の三眠蚕は、中国の蚕とは異なり、山蚕から発生し、この地で発達したということは、桑蚕品種の分類学的特徴である繭形態の遺伝様式を通じてもよくわかる。

中国の桑蚕は、昔から四川省が本拠地と言われており、四川の古地名である「蜀」も蚕の形態から出たというほど、蚕の飼養が有名である。中国では四川養蚕術が浙江省・江蘇省、そして北中国と山東省一帯に伝播されたという。蜀の蚕女巧娘・馬頭娘は、養蚕繭の代名詞になっていることは、よく知られていることである。中国にも三眠蚕と四眠蚕がある。おそらく三眠蚕から四眠蚕へ転化したのであろう。今日、中国種と呼ばれる長丸い形の種類は、本来、四川の三眠蚕から出たものと推測されている[1]。四川の三眠蚕は、体に斑点がない姫蚕であり、体格がすこぶる小さいが、成長する過程が非常に早くて、26日目には繭を造りはじめる。繭は小さいし、形態は卵形、あるいは短い紡錘形である。言い換えれば、長丸い形である。この種の繭は、糸量が少なく繊度が非常に細かく、質も悪い。繭の質量は、1.106ｇであり、繭の色は白い。

　わが国における蚕学会が達成した研究成果によると、今日、中国種と言われる長円形繭品種からは、長鼓形繭の品種は、絶対に分離できないという。

　朝鮮の土着桑蚕の繭の形態は、長鼓形であり、山蚕に似た糸錘形も存在する。繭の形態についての遺伝分析を行なった結果、糸錘形の繭の品種と長鼓形の繭の品種を交雑した後代においては、長円形と長鼓形・円筒形・糸錘形の繭の品種を全部分離し固定することができた。また、長鼓形繭の品種と糸錘形繭の品種を交雑した後代からは、繭の形態の遺伝に対する調査によると雑種二代から長鼓形・長円形・糸錘形とその中間形が、連続的に分けられるという。これは朝鮮において各種繭の形態の品種が育成されたということを物語っている。けれども、中国系統の長円形からは、諸形態の品種は育成されなかったことを示している（表１、２、３）。

　以上において考察したように、朝鮮の土種の三眠蚕は、中国四川

表1　長鼓形繭品種×糸錘形繭品種後代から繭形態の遺伝

世代	総個体数	長鼓形繭	長円形繭	糸錘繭	その中間	その他形態の繭
雑種1代	187	111	—	71	—	2
雑種2代	7200	29	17	48	86	20

表2　長鼓形繭の品種×糸錘形繭品種の後代から
　　　長鼓形繭選出世代に従う長鼓形繭形態の固定

世代別	調査個体数	長鼓形繭	長円形繭	糸錘形繭	長鼓形繭の比率(%)
雑種3代	142	32	27	83	22.5
雑種4代	175	45	18	112	25.7
雑種5代	191	58	—	133	30.3
雑種6代	139	65	—	70	46.7
雑種7代	157	141	—	16	89.2
雑種8代	176	163	—	13	92.6
雑種9代	152	150	—	2	92.1
雑種10代	139	131	—	2	98.5
雑種11代	155	155	—	—	100.0

表3　長鼓形繭の品種×糸錘形繭品種の後代から
　　　長円形繭選出世代に従う長円形繭形態の固定

世代別	調査個体数	長円形繭	長鼓形繭	糸錘形繭	長円形繭の比率(%)
雑種3代	171	90	20	61	52.6
雑種4代	184	108	17	59	58.7
雑種5代	149	88	22	39	59.7
雑種6代	179	117	—	62	60.0
雑種7代	144	125	—	19	86.8
雑種8代	132	118	—	14	99.3
雑種9代	159	150	—	90	94.3
雑種10代	162	160	—	2	98.7
雑種11代	175	175	—	—	100.0
雑種12代	185	185	—	—	100.0

※表1、表2、表3は、沙里院桂応祥農業大学蚕学研究所の研究成果に基づいた。

の三眠蚕とか、山東半島の蚕、あるいは大陸のいかなる蚕とも系譜を異にする独自的かつ独特な蚕であった。

　朝鮮は、先祖代々にわたって土種の三眠蚕の繭から綛んだ軽くて暖かく、また、染色しやすく、美しい絹糸でいろいろな美しい紋様の絹を織りあげた。同時に強いながらも堅いかとりぎぬの縑布という絹布を織って衣服を作って着用した。この絹布は、他の国にも数多く輸出され、朝鮮は絹の国として広く知られるようになった。

　中国古代の堯の時代に「海人たちが絹を織って捧げた（海人織錦以献）」と言い、「詩経国風」の大東小東においては「氷蚕（白い蚕の繭）は東海で出る」と言った。換言すれば、大陸で東方こそ、絹の原産地であり、織物文化の発生地であるということができるであろう。中国人が見た東方の海の人、すなわち、朝鮮人がもっとも古い絹の生産者であったのである。

　以上のような事実は、わが朝鮮民族が世界的にもっとも古い蚕の歴史をもった民族であり、世界的にも最古の絹の生産国・生産地であったということを物語っている。

注

(1) 『品種論及び蚕体遺伝学』東京、弘道館、昭和5年、94～95頁。

　※　中国の蚕繭が長丸い形だというのは、仰韶文化時期の繭をみてもよくわかる。1927年に山西省長安西陰村において切断された繭の頂部が発見されており、同時に紡錘車に似ているものが出土したという。現在、中国台北の故宮博物館に保管されているこの繭は、中国の蚕繭が長円形種のものであったことを如実に示しているものであって、朝鮮の三眠蚕とは完全に異なる。参考に朝鮮の三眠蚕（あるいは高麗三眠蚕・韓三眠蚕ともいう）の品質を見れば、次のようである。

　　繭は繭の綿が多く、形態は長鼓形であり、色は山かいこ固有の黄色である。それはあたかも桑蚕の草黄色繭に似ている。繭の1個当たりの質量は平均0.868ｇであり、繭皮の質量は0.098ｇである。繭と糸は、

熱湯によく溶けるし、繭1個当たりの糸の平均の長さは459mである。切れる回数は0.5回で、糸の質量は0.063gであり、繊度は1.04dである。

　中国四川の三眠蚕は、色が白く、形態は長円形であって、わが国の三眠蚕との形態が断然と異なるのである。朝鮮の三眠蚕そのものは、黄色の黄絹であり、長鼓形である。したがって両者の系譜は、完全に異なる。

第2章 朝鮮の絹の特徴

　絹は、蚕の繭の糸によっていろいろな特徴を持つ。どのような蚕の繭で織った絹であるかによって、その絹の性質も異なるのである。
　古代と中世の朝鮮における絹は、隣国である中国の絹とは、異質な絹であった。朝鮮の絹は、中国の絹といろいろな点において異なる特徴があった。すなわち、朝鮮絹の、まずその優点である第一の特徴は、軽くてとても温かいということである。
　このような、朝鮮絹の特徴を知るために、朝鮮古代の絹糸についての科学的考察を行なうことにする。

1．楽浪の絹

　20世紀に入って、今日のピョンヤン市楽浪区域を中心とするピョンヤン一帯においては、2000年前の古代の絹が数多く出土した。ピョンヤン一帯において古代の絹が出土するようになった契機はいろいろとあるが、それは大きく二つに分けて考察することができる。
　一つは、1945年以前に日本によるピョンヤン一帯の古墳群について大々的な掠奪と破壊、およびそれに伴う「発掘調査」であったし、他の一つは、わが国の学界における組織的で科学的な発掘調査であった。1945年以後から今日に至るまでの科学的調査・発掘は、わが国の歴史・考古学の発展とともにゆるみなく行なわれてきた。とりわけ「統一街」の建設が大規模に進捗するにつれて、その先行工程として発掘調査が行なわれた。この過程において数多くの古代絹が出土した。
　1945年以前におけるピョンヤン一帯において出土した古代絹の代

表的古墳は、次のとおりである。

石巌里194号墳・219号墳（『楽浪漢墓』一冊、楽浪漢墓刊行会、1974年、26頁）・205号墳（『王汗墓』）、石巌里212号墳・214号墳・219号墳（『朝鮮古文化綜鑑』第2巻、1948年、63～67頁）、大同郡梧野里18号墳・19号墳、貞百里（洞）200号墳、「彩篋塚」などである。また、1945年以後、ピョンヤン市楽浪区域一帯において古代の絹が出土した古墳は、一覧表で提示した（表4）。

まず、ピョンヤン市楽浪区域一帯において出土した古代の絹の中で、比較的保存状態が良好ないくつかの古代絹を、科学的に分析してみることにした。実験対象として貞百里（洞）200号墳[1]の東側の棺の頭部分と腹部、そして腰部分から出土した古代の絹、楽浪奨貞里200号墳から出土した絹で作った鏡の袋と楽浪214号墳の絹をはじめ12点の絹と最近発掘された貞百洞389号墳の絹など、合計13点の絹を測定した。

表4　1945年以後ピョンヤン楽浪区域一帯の古代絹布出土状況一覧表

NO.	古墳名	古墳の区分	古墳の築造時期	発掘年代	備　考
1	貞百洞3号墳	木槨墳	A.D.1世紀	1963年	
2	貞百洞1号墳	木槨土壙墳	B.C.1世紀	1960	
3	貞百洞37号墳	木槨墳	B.C.1世紀	1969	
4	貞百洞147号墳	木槨墳	A.D.1世紀	1972	
5	貞百洞166号墳	木槨墳	A.D.1世紀	1972	
6	貞百洞2号墳	木槨墳	B.C.1世紀	1961	
7	貞梧洞1号墳	木槨墳	A.D.1世紀	1967	
8	貞梧洞4号墳	木槨墳	A.D.1世紀	1968	
9	貞梧洞5号墳	木槨墳	A.D.1世紀	1968	
10	貞梧洞12号墳	木槨墳	A.D.1世紀	1971	
11	貞梧洞36号墳	木槨墳	A.D.1世紀	1971	
12	土城洞34号墳	木槨墳	A.D.1世紀	1971	
13	土城洞486号墳	木槨土壙墳	B.C.1世紀	1989	
14	貞百洞389号墳	木槨土壙墳	B.C.1世紀	1989	
15	土城洞4号墳	木槨墳	A.D.1世紀	1969	
16	貞百洞377号墳	木槨土壙墳			

第2章　朝鮮の絹の特徴　27

図14　土城洞486号墳出土絹

　実験分析を通じてわかったことは、古代の絹には編織だけでなく、亢羅布も存在していた。番号3と番号12は、同じ紋様を亢羅布様に織っているが、糸の太さが互いに異なっている。亢羅布生産は、今日でも高度の技術を要求する絹布生産技術であるのに、2000年前にすでにそのような高度な絹織り技術が存在していたということは、実に驚くことと言わざるをえない。いうまでもなく、漢の「経錦」とは異なる種類であり、朝鮮固有の三眠蚕繭から繰いだ糸で織った

表5　古代絹布分析表 (1)

NO.	試料出土墳の名称	現在の色	経・緯の区分	絹繊維の断面計測値			経糸緯糸本数 (cm)	経糸緯糸本数の比	絹の種類と特徴	発掘年度
				糸の充全度(%)	糸の直径(μ)	繊維の直径(μ)				
1	貞栢洞200号墳東側 棺・頭の部分の絹	濃い茶色	経糸	33.07	50.87 ±4.01	8.69 ±0.99	65	1.91	布（編織）	1940年頃
			緯糸	19.28	56.71 ±4.67	9.96 ±1.67	34			
2	貞栢洞200号墳東側 棺・腹・腰部分の絹	濃い茶色	経糸	20.41	30.02 ±3.34	10.63 ±2.29	68	1.89	布（編織）	1940年頃
			緯糸	15.61	43.37 ±2.36	9.8 ±1.75	36			
3	朝鮮中央歴史博物館登録番号　己441-2	濃い茶色	経糸	44.37	64.3 ±4.29	9.23 ±1.22	69	2.16	布（編織）	1940年頃
			緯糸	22.21	69.4 ±3.43	8.55 ±0.35	32			
4	朝鮮中央歴史博物館登録番号　己441-1	濃い茶色	経糸	39.94	63.4 ±8.57	11.05 ±2.50	63	1.91	編織	1940年頃
			緯糸	31.94	96.8 ±22.4	10.08 ±0.50	33			
5	楽浪奨貞里200号墳 己442鏡の袋	濃い茶色	経糸	48.06	53.4 ±7.11	9.8 ±1.59	90	2.79	筆で紋様を書き入れた	1940年頃
			緯糸	32.59	101.1 ±14.99	9.4 ±1.73	32			
6	楽浪214号墳 己441-8	淡い褐色	経糸	?	?	8.76 ±0.25	57	1.73	編織	1940年頃
			緯糸	?	?	8.76 ±0.25	33			
7	楽浪214号墳 己441-9	濃い栗色	経糸	72.34	164.5 ±27.8	8.34 ±4.17	44	1.83		1940年頃
			緯糸	48.29	201.2 ±19.1	8.34 ±4.19	24			
8	楽浪214号墳 己441-7	濃い栗色	経糸	73.02	121.7 ±19.1	8.34 ±4.19	60	1.58	編織	1940年頃
			緯糸	46.02	121.6 ±9.43	8.54 ±2.09	38			
9	楽浪214号墳 己441-3	濃い栗色	経糸	103.58	132.8 ±3.29	8.76 ±1.04	78	1.69	編織	1940年頃
			緯糸	47.79	103.9 ±5.19	9.17 ±1.81	46			
10	楽浪214号墳 己441-5	濃い栗色	経糸	74.55	99.4 ±7.43	10.08 ±1.53	75	2.03	編織	1940年頃
			緯糸	36.15	97.7 ±8.57	7.75 ±4.10	37			

古代絹布分析表（1）続き

| NO. | 試料出土墳の名称 | 現在の色 | 経・緯の区分 | 絹繊維の断面計測値 | | | 経糸緯糸本数(cm) | 経糸緯糸本数の比 | 絹の種類と特徴 | 発掘年度 |
				糸の充全度(%)	糸の直径(μ)	繊維の直径(μ)				
11	己411-11「西棺胸部」という記録がある	濃い栗色	経糸	51.74	53.9 ±6.57	12.3 ±2.33	96	2.26		1940年頃
			緯糸	27.14	75.4 ±5.99	13.1 ±3.23	36			
12	楽浪貞柏洞389号墳	濃い栗色	経糸	15.38	37.53 ±2.52	8.30 ±0.15	41	1.46	編織	1940年頃
			緯糸	28.95	103.42 ±8.32	7.76 ±0.70	28			

絹布であった（古代絹布分析表参照）。

　古代絹布の分析表を見れば絹の織物組織は、基本的に編織であり、織物の材料は野生の蚕ではなくて桑蚕の蚕繭糸を繰いで使用したことがわかる。けれども蚕繭の糸は、セリシンを完全に除去しないまま半熟した後、手織機で織ったものであった。それは糸の密度が不均衡であることから確認できる。そして織物には、経糸に合わせ糸が見られ、また、非常に緻密に織られていることからして、絹の一種である縑布であることがわかる。もちろん、織物の組織は、緻密でありながらも密度が不均衡であるので、少し粗い感じがするきらいがなくはない。

　上で考察した絹布の糸の繊維は、太さが非常に細くて2ｄ（denier；糸の繊度を表わす単位：長さ450ｍで重さ0.05ｇのものを1ｄという）に満たなかった。それは、三眠蚕の蚕繭を半熟にして繰いだ蚕の糸であった。現在、世界の蚕業界を支配している蚕は、全部四眠蚕である。四眠蚕の糸は、非常に太く、したがって蚕繭も太く、かつ、重たい。

　四眠蚕の繊維経糸の断面は、長さ30～40μ、幅は8～17μで、セリシンを除去した後のヒブロインが2.8ｄ（デニール）、あるいは2.5ｄである。

　これに反して、わが国の朝鮮蚕の先祖である山蚕（野生蚕）の繭糸

表6　古代絹布分析表（2）

NO.	試料出土墳の名称	現在の色	経・緯の区分	絹繊維の断面計測値			経糸緯糸本数（cm）	経糸緯糸本数の比	絹の種類	発掘年度
				完全度（％）	面積（μ^2）	繊維数				
1	王旴墓	濃い栗色	経糸	66.5±4.69	59.2±9.33	16	76	2.00	布（編織）	1945年以前
			緯糸	56.7±4.69	64.7±3.74	26	38			
2	彩篋塚および大正13年度号墳	濃い栗色	経糸	47.8±3.59	80.6±8.67	30	70	2.33	布（編織）	1945年以前
			緯糸	47.6±3.58	64.3±5.54	32	30			
3	彩篋塚および大正13年度号墳	濃い栗色	経糸	48.3±3.58	74.7±6.38	36	80	2.00	布（編織）	1945年以前
			緯糸	49.4±4.02	61.6±5.87	42	40			
4	彩篋塚および大正13年度号墳	紫朱色	経糸	45.8±2.281	24.6±2.21	33	80	2.00	布（編織）	1945年以前
			緯糸	46.3±3.07	30.9±2.34	50	40			
5	石巌里212号墳	濃い栗色	経糸	50.5±3.47	49.4±4.30	42	74	1.85	布（編織）	1945年以前
			緯糸	46.8±2.57	38.2±2.76	50	40			
6	石巌里212号墳	濃い栗色	経糸	54.4±3.51	42.9±3.49	31	80	2.42	布（編織）	1945年以前
			緯糸	49.6±2.73	36/4±2.53	51	33			
7	石巌里212号墳	濃い栗色	経糸	44.1±4.27	35.8±3.71	38	100	2.50	布（編織）	1945年以前
			緯糸	54.0±3.73	38.2±3.35	50	40			
8	石巌里212号墳	濃い栗色	経糸	54.2±4.38	53.1±5.59	39	70	2.33	布（編織）	1945年以前
			緯糸	55.4±3.74	46.6±3.03	51	30			

は、1.04ｄである（『桂応祥選集』3、1970年、20頁）。ｄは、糸の太さ、強度を表示する。

　上掲した絹布分析表を見れば、ピョンヤン市楽浪区域一帯で出土した古代の絹は、すべてが朝鮮三眠蚕の蚕繭の糸を熟して繰いだ生糸で織ったものであることが知られる。これを確証する資料として日本の学者たちが実験検査した古代の絹がある。

表7　古代絹布分析表（3）

NO.	試料出土墳の名称	現在の色	経・緯の区分	絹繊維の断面計測値			経糸緯糸本数(cm)	経糸緯糸本数の比	絹の種類	時　期
				完全度(%)	面積(μ^2)	繊維数				
1	楽浪土城洞486号墳	黒い紫色	経糸	57.3±4.07	65.3±5.40	30	68(120)	2.62(4.62)	縑布	紀元前後
			緯糸	50.8±3.77	50.1±5.23	30	26(26)			

　実験分析資料でみられるように、日帝時代に発掘した古代の絹と、最近時に発掘した古代の絹は、すべて同じく糸繊維の断面積が非常に細かいということ、したがってその糸は、2dに及ばない朝鮮三眠蚕の繭を繰いだものであることが確認できる。

　それにもかかわらず、日本の学者たちは、ピョンヤン一帯において出土した古代の絹を中国から伝播してきたものと断定して、漢の絹と規定してきたのである。科学的実験分析の結果、絹を構成する糸の繊維が、中国の伝統的な四眠蚕から繰いだものでないことが確認されると、一部においてはその事実を認めざるをえないとしながらも、ピョンヤン一帯の古代の絹は、朝鮮土着種の三眠蚕から繰いだものであることは間違いないが、その淵源は中国の山東一帯から伝来して来た「中国系統の三眠蚕」の子孫という強弁的な主張をくりかえしている。

　このような強弁的な主張には、ピョンヤンに漢四郡の一つである楽浪郡が存在していたという、間違った植民地史観と、発達した古代の絹が朝鮮の独自的なものではなく、中国の影響によってはじめて成り立ったという、古い植民地的な視点が根底に根強く横たわっている証左である。

　したがって、この問題を正しく解明することがたいへん重要である。すでに記述したように、日本帝国主義がわが国を強占する以前から朝鮮の蚕は、全部が三眠蚕であった。

　※　蚕は元来、野生の絹糸の虫をもった人が、管理する過程において順

化され、いろいろな品種が生じるようになった。蚕の中でもっとも多い品種が、桑蚕である。桑蚕は、生物学的および経済的特性にしたがって多くの系統に区分される。けれども、それは繭の形態と化性、そして眠る特性にしたがって大別される。本来三眠蚕は、二化性蚕であって、蚕の卵が小さく、成長する期間が短い。今は、すべてが四眠蚕を飼養して蚕繭の糸を絹ぐが、それは三眠蚕から転化されたものと見ている。

注

(1) ピョンヤン貞百里200号墳から出土した絹は、日帝時代に日本人が発掘したものである。朝鮮中央歴史博物館には、日本人が発掘した古代の絹が十余点保存されている。保存庫から取り出した時、絹を入れた紙の封筒と鉄網の中にある絹には、漢字で「昭和十五年（1940年）七月発掘」と書かれている。当時の博物館長小泉顕夫の筆跡である可能性がある。この他にもガラスに挟めて封印した絹もあったが、そこには「楽浪二一四号墳」・「楽浪里出土絹」・「鏡の袋（奬貞里）」・「西棺胸部」などの文字が書かれていた。筆者は、保存庫のすべての古代絹を試料として採取した。

(2) 実験分析は、科学院軽工業科学分院紡織研究所絹加工研究室において行なった。

(3) 古代絹布分析表の実験分析資料は日本京都工芸繊維大学の名誉教授布目順郎が行なった絹分析の結果である。

(4) 同上。

2．文献から見た朝鮮絹の特徴

　わが国の蚕が三眠蚕であったことは、各種の文献においても多く伝えられている。

　洪萬選（1664〜1715年）が書いた『山林経済』で、朝鮮の蚕が初眠・再眠・大眠の三眠を眠る蚕であることを明らかにしている。

　これを補注した『増補山林経済』（巻五養蚕、全16巻）と、除命膺（1717〜1787）の『巧事新書』（6冊、巻一二、牧養門養蚕条）においても朝鮮の蚕が三眠を眠るといいながら初眠を冬眠、あるいは正眠というと述べている。ただ『林園十六志』の著者である徐有矩（1764〜1845）が、『展功志』（2巻、蚕績、下、養蚕）において「北方には三眠蚕が多く、南方には四眠蚕が多い」と記録されている。「北方は三眠、南方は四眠」とは、『蚕桑撮要』（19世紀後半期、李祐珪編）の養蚕編においてもしばしば言及されている話である。わが国の三眠蚕は、育つ期間が短く、病にはかかりにくく、生活力が非常に強かった。したがって飼養しやすく、糸がよく溶け、強靭な優点をもっているのが特徴であった。とりわけ朝鮮三眠蚕の糸でもって柔らかくて軽い布を織ることができたし、染色しやすく、そして色が染まれば大変に美しいことが長点であった。その代わりに繭が小さく、糸量が多くない制限性があった。蚕を飼養する期間が短かった関係上、繭が小さくなることはしかたなかった。『蚕桑撮要』（『蚕桑雑記』）に「三眠蚕は養うことは易いが糸が少ない、四眠蚕は養いにくいが、糸は多い」と記述されている。

　日本は朝鮮を強占した後、生活力が強い朝鮮三眠蚕を全部日本へもって行き、その代わりに、朝鮮の農家ごとに自分たちが持ってきた四眠蚕を飼養することを強要した。このようになった結果、朝鮮には四眠蚕が急速に伝播するようになり、朝鮮土着の三眠蚕は、足

跡を隠すようになった。

　これに反して中国の蚕は、伝統的に四眠蚕であった。李氏朝鮮期に中国に対する事大主義が極限に達して、中国の文物がたくさん流入されてきたが、四眠蚕は基本的に朝鮮の土地には、その足跡を残すことができなかった。中国の四眠蚕は、糸繊維の断面積が大きなことが特徴である。換言すれば、蚕繭糸が太いので、繭が大きく、そして重いので生産性が高かった。それに比べて朝鮮の三眠土着種の蚕は、生産性が低かった。それにもかかわらず中国の四眠蚕が、朝鮮へ足を踏み入れることができなかったのは、わが国の農民が何らなじみのない蚕よりも、先祖伝来の三眠土着種の蚕に愛着心を持っていたからであろう。もちろん、李氏朝鮮の後半期に入って、一部地域において四眠蚕が飼育され「北は三眠、南は四眠」という言葉が出現したが、それはどこまでも李朝末期のことであり、数千年間、朝鮮の蚕は三眠蚕であった。

　朝鮮の蚕と中国の蚕は、飼養方法も異なっていた。中国では、夏蚕・秋蚕などと、一部では２回飼養したが、朝鮮では基本的に２回飼養することはなかった（『林園十六志』展功志、二巻、養蚕）。彼らは、朝鮮伝来の固有な方法で長い間にわたって独自な蚕業を営んできたのである。

　このようにしてみると、ピョンヤン一帯から出土した古代の絹布は、三眠蚕の繭糸から緝いだ絹であったことは明白な事実である。

　では、朝鮮の三眠蚕が、日本の一部の学者たちが主張するように本当に中国山東半島一帯から伝来された三眠蚕であったろうか。朝鮮の三眠蚕は、三眠と四眠にかかわらず、中国の蚕とは異なるものであった。

　今日のすべての桑蚕の体細胞数（２ｎ）は56個であり、生殖細胞（ｎ）は28個である。中国をはじめ大陸に野生する山蚕（くわこ）も体細胞の染色体数（２ｎ）は56個であり、生殖細胞（半数体ｎ）は28個である。

ところで、唯一朝鮮に野生する山蚕(くわこ)の半数体（n）だけが27個である。

　これは、はたして何を物語っているのだろうか。それは第一に、土着種三眠蚕は朝鮮で野生する山蚕から進化したものであり、その山蚕もやはり朝鮮の山地において起源した絹糸昆虫であること、第二に両地域の蚕の系譜、祖先がまったく異なるということである。

3．朝鮮の独特な絹

　朝鮮の絹は、蚕繭の糸を繰いで絹布を織り、紋様を入れるところに自己の固有な特徴を持っていた。

　朝鮮の絹は、既述の絹布分析表で検討したように、10余個の古代絹布の100％が、絹布の一種類である縑布であった。そのことは、文献記録とも完全に一致する。『三国志』（『魏書』韓伝）の弁辰条においても「蚕桑を知り、縑布を作る」と記録されている。

　『三国志』の大部分の記録内容は、紀元前時期における辰国の状況を伝えたものであり、それは基本的に中国人との接触が頻繁に行なわれる以前の状況であった。このようにしてみれば、朝鮮人は2000年を遥かに遡る時から独自に布を織って着用していたことがわかる。

　ピョンヤン一帯からは絹帯・絹紐・絹袋などが出土したほか、王旰墓と呼称されている石巌里205号墳と214号墳からは、刺繍を施した絹の布と色の美しい糸で紋様を飾った絹が出土した。これらの絹は、すべて漢代の絹とは異なる、一連の特徴を持っていた。

　それはまず第一に、ピョンヤン一帯のいずれの古墳から出土したものであっても、それはすべて平織りであり、組織が緻密な反面均しくなく、不均衡であるということである。第二に、石巌里214号墳と205号墳から出土した刺繍を施した絹は、中国の刺繍をした紋様のある絹ではなく、そこには「経錦」は見られない。石巌里214号墳と205号墳の刺繍を施した絹は、中国のものでなく、その水準も驚くほどの高い境地に達している。日本の学者が、これを中国のものであるというのは、その水準が漢代のものと比較できるほどであるからである。しかしながらもっと重要なのは、この水準の高い絹が中国系統の三眠蚕とか四眠蚕の糸ではなく、厳然として朝鮮の三眠蚕の繭糸で織った絹布であるという事実である。ピョンヤン一帯から出

土した古代の絹は、色の美しい絹と紋様の刺繍をした絹など、高水準の絹であり、絹を織る織機も中国のものとは系統を異にする手織機であったと思われる。

朝鮮の絹は、蚕繭から生糸を繰ぐ時、充分に沸かさずセリシンを完全に除去しなかった。これは朝鮮の絹の一つの特色であり、中国の絹と区分される側面でもあった。

今までにピョンヤン一帯から出土した古代の絹布の材料になった蚕繭の糸、さらに蚕の起源と絹布の製作技法などの側面で、古代絹布の系譜と国籍を穿鑿(せんさく)してみた。

では、この絹布で、どのような形態の衣服を作ったであろうか。言い換えれば、どの国、どの民族の衣服であったのかということである。

それはいうまでもなく、朝鮮の衣服であった。

古来から朝鮮の衣服は、独特で固有な衣服であった。『三国志』（高句麗伝および韓伝）や『後漢書』（高句麗伝および韓伝）などにも朝鮮人の衣服が、中国の衣服とは異なり、独特な装飾をした各種の衣服が存在していたことを伝えている。また高句麗古墳の壁画を通じても、そのような事実を直視することができる。

高句麗古墳の壁画に描かれた絵画を通じてわかることは、朝鮮人が古代から男子は朝鮮のバジとチョゴリを、女子はチマ・チョゴリを着用してきた事実である。『史記』（朝鮮伝）にも朝鮮人の衣服が、中国の衣服とは異なり、別のものであったということと、服装も異なっていたことが記録されている。このことは、その当時から朝鮮の衣服が、中国の衣服とは、まったく異なる衣服であり、服装も異なっていたことを物語っている。

ピョンヤン、楽浪一帯の多くの遺跡から漢代の漆器と、その他の遺物が出土した。これは明らかに文物交流によって輸入された品物である。もし、日本の学者が話すようにピョンヤン一帯が漢の四郡

の一つである楽浪郡であったならば、この一帯には中国人が数多く居住していたか、彼らに追従した人々が多く居住していたのであろう。そうであるとすれば、彼らは当然、中国産の絹布をもって織った衣服を着用していたであろうし、また、そのような衣服を着用して埋葬されたのであろう。

古代の東洋の風俗には、どの民族、どの国家に隷属するとか、事大する時には、その国、その民族の衣服を着用した。そのような事実は、歴史の記録ごとにおいてふんだんに見ることができる。いくつかの実例をあげれば、次のとおりである。

5世紀末頃に建てられた『中原高句麗碑』によれば、高句麗王は訪ねてきた新羅の寐錦(王)に衣服を与え、また、多くの官吏にも上下の衣服を与えたという。また、新羅の寐錦が高句麗から帰る時には、新羅の高・下の官吏らにも良質の上下の衣類と履物を与えるように指示したという。

高句麗の反逆者淵男生が唐に投降すると唐の皇帝は、帯と金の釦をつけた衣服を各々7着ずつ与えたといい、事大主義者であった新羅の金春秋が唐に行き、外勢を引き入れるための請願をした時、唐では彼に黄金と絹、そして珍貴な衣服を与えた。翌年、新羅においては官吏らが唐の衣服、儀冠を着用するようにし、唐の服飾制度をそのまま受け入れるようにした。

少し後世の事実ではあるが、1260年8月に蒙古の忽必烈は、高麗と講和を結び、高麗が提起する要求条件を認めながらも、六つの内容からなる講和公約を宣布した。その六つの中の一つが「衣冠は高麗の風習のまま、着てかぶることにする」ということであった(『高麗史』巻二五、世家、元宗元年壬子条)。

これ一つを見ても古代と中世期において衣冠服飾制度が、どんなに重要であったかを知ることができる。

このように歴史的にみる時、どこかの国に事大することを、ある

いは服属することを誓う場合、その国・その民族の衣服制度に従うようになる。そのような人々が墓に埋葬される時、自分が仕える国の衣服を着用することを「栄誉」と感じたのは、ほぼ明らかである。

　そのような事実は、日本においても見うけられる。大和政権の権力者である東漢氏(やまとのあやし)と蘇我氏は、自分たちの権力の象徴である法興寺（飛鳥寺）を百済の匠工らを招請して建立したとき、寺の完工式において大変特異な光景をくりひろげた。

　法興寺の柱を建てる時、島大臣（蘇我馬子）とともに100余名の文武官僚らが、みな百済の衣服を着用したという。それを見た人々が、みな喜んだという記録（『扶桑略記』第三、推古天皇）が、まさにそれである。その他にも伽耶－百済系の古墳である奈良県新沢千塚古墳群と藤の木古墳などにおいても被葬者が百済の衣服を着用したであろうと推測されている。それは、衣服に結びつけられていた金と銀・玉の装飾品が朝鮮（伽耶－百済）的なことからしても、たやすく知ることができる。百済は、布を織る織女と裁縫工までも日本の大和国家に送ったのである。このように一般的に衣服制度の重要性がみられる。

　もしもピョンヤン一帯に漢の植民地が400余年間も存続していたならば、古墳においては漢式の衣服が多量に出土するはずではなかろうか。漆器のようにたくさん出土しなくても実験分析した10分の１、すなわち１、２個程度でも出土するのが正常ではなかろうか。しかし科学的に検査した結果、ピョンヤン一帯において出土したすべての絹は、朝鮮的な縑布であったし、朝鮮の三眠蚕のたいへん細かい糸で織った絹布であった。

　この事実は、果たして何を意味するものであろうか。それは第一に、紀元を前後する時にピョンヤン一帯に住んでいた人々は、中国の衣服を着用しなかったという事実である。彼らは、朝鮮で育った三眠蚕の繭から繰いだ糸で朝鮮の衣服を作って着用した朝鮮的な政

治集団であり、外来的政治集団とか中国に事大する政治集団でもなかったという事実である。民族的特徴・民族的色彩を濃厚に臭わせる衣服・服飾制度が、それを強く証明している。

　第二に、ピョンヤン一帯の人々が、部分的に漆器などを中国との接触を通じて交易の方法で買ってきたことはありうるが、民族的および政治的な表徴となる衣服は、外国のものを買ってくるとか、引き入れることはなかった。いうまでもなく「下賜」されるということは、皆無だったということである。さらに、いわゆる「王旰墓」・「彩篋塚」と、日本の学者が命名しながらも中国的色彩が濃い遺物が多く出るという古墳までも、そこから出土する絹は中国系統の絹ではなく、平凡であり、そして堅い朝鮮の絹であった。これは、ピョンヤン一帯の社会政治的な色彩・性格の一側面を反映しているものである。

第3章　朝鮮中世期の絹とシルクロード

　シルクロード（Silk　Road）とは、内陸アジア・ターリム盆地を東西に貫通する国際的大貿易街道（隊商路）をいう。東方の特産品である朝鮮の絹と中国の絹が、この道を通って遠く西方の国々に輸送されるようになったことから由来した名称である。この大貿易の道には、タクラマカン砂漠の北辺を通過する「西域北路」と、砂漠の南辺を通過する「西域南路」があった。両方ともパミール高原を越えてトルキスタンの市場に到り、東の方では甘粛省の敦煌において出合うようになっている。

　初期のシルクロードは、敦煌の西の方に位置するリブボ湖の東端で南北に分かれて、北路は湖北のクロライナ（楼蘭）と、南路では湖南の密蘭を経由した。3世期頃からはリブボ一帯が乾燥するにつれて、北路は敦煌から北行した。また、天山山脈の東端へ行きながらトルファン盆地を経て焉耆（カラシャール）→亀茲（クチャ）→疏勒（カシュガル）に達した。

　一方、リブボの南麓を西の方に向かってイテイエン（于闐）に到る南路は、漸次、利用度が希になっていった。

　朝鮮と中国の絹を輸送したという点を重視すれば、シルクロードの範囲はもっと広くなる。すなわち、そのシルクロードは、イランと地中海沿岸にまで延長すべきであり、当然、遊牧民族が住む北アジアの草原地帯を貫通する交易路と、南方の南海の媒介とする海上交易路も、そこに包含すべきである（図16）。

　このように、シルクロードは、ユーラシア大陸の東西をつなぐ交通路を指す。絹の東方（朝鮮・中国）から西方への移動を通じて結ばれた東西文化交流の通路が、まさにシルクロードであった。

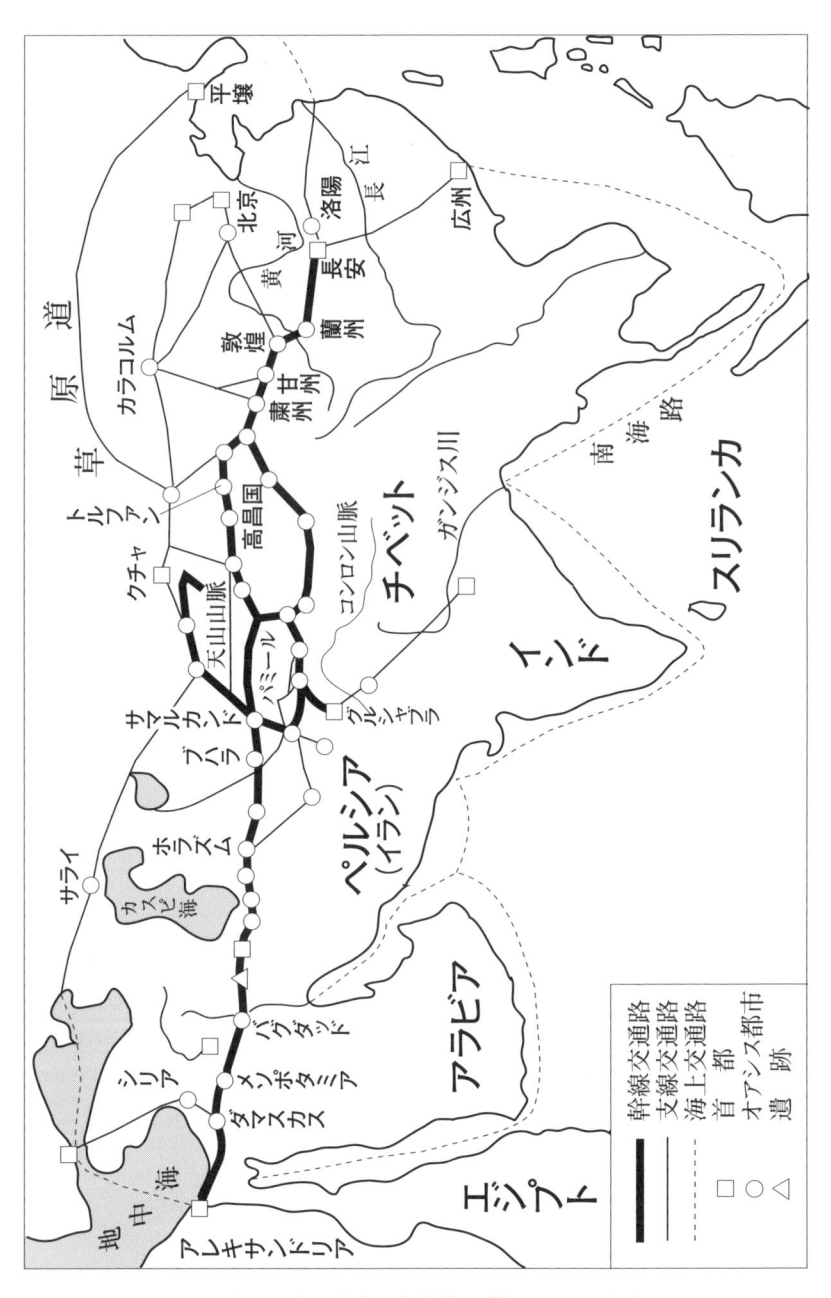

図16　東西文化の交渉路—「シルクロード」

第3章　朝鮮中世期の絹とシルクロード

　世界史的見地から見ると、絹の発祥地は東洋であり、その生産の先進国・先進民族は朝鮮と中国、朝鮮民族と中国民族であった。朝鮮と中国の絹が、東西に広がりながら絹が全世界に広がっていった。また、絹が西域に交易されながら西域の文物が朝鮮を経て島国の日本へ伝来されていった。

　シルクロードは、はじめは絹織物一つだけを媒介物として開かれた交通路ではあったが、それは次第に、絹ばかりでなく絹織物を中心として結ばれた、東西文化・文明の交流にまで展開されるようになった。

　歴史的に見ると、朝鮮は世界において第一の絹生産国であった。暖かくて軽く、そして染色がよくでき、しかも色彩が美しい朝鮮の絹は、西方の国々に数多く輸出され、その代価として数多くの国々の文物が少なからず交易され、朝鮮へもたらされた。それは主として支配者階級が使用する奢侈が基本であった。

　朝鮮の中世期である三国期から始まって渤海と後期新羅、そして高麗に伝えられた断片的遺物と文献を通じて、それを窺うことができる。

1. 三国期の絹とシルクロード

（1）三国期の絹

　高句麗をはじめとして三国期に絹の生産が活発に行なわれたことは、多くの文献資料と壁画資料をはじめとする考古学的資料にきわめてよく反映されている。

　『三国史記』（巻一四、高句麗本紀、閔中王4年10月条）によれば高句麗初期に蚕友部落の名称が記録されている。部の名称に「蚕」の字がついていることからみて、蚕飼養を専門とする大きな部であったらしい。

　また、百済においても初期に農業と蚕の飼養を奨励したという記録（『三国史記』巻二三、百済本紀、始祖温祚王38年3月条）などが資料に反映されていることからして、それ以前から蚕の飼養の技術が連綿として継承されていたことがわかる。

　新羅においては、建国初期に該当する早い時期に国家的に6部を2組に分けて紡績（糸つむぎ）の絹遊びを行なわせたという記録（『三国史記』巻一、新羅本紀、儒理尼師今9年条）がある。この糸績ぎ遊びの時に織った布が麻の糸か、あるいは蚕の繭糸かははっきりしないが、三国期の紡績規模を推測できる資料である。「広開土王陵碑」文に高句麗の広開土王が百済の首都を包囲した時、百済が男女生口（奴隷）1,000名と細布1,000匹を献じたと記述しているが、ここでいう細布とは絹布を指して言った可能性が大きい。何故かと言えば布というのは、最初は麻とか絹を指していたからである。およそ布は織物の総称であったからである。また、麻では細い布を織ることが困難であり、三眠蚕で織った絹であった時だけに細布ということができるからである。高句麗が奴隷とともに1,000匹の布を要求したのは、当時、布が稀貴なものであり、それも麻布ではなく、絹布が珍貴な

ものであったからとおもわれる。高句麗の広開土王は、奴隷と絹布、そして百済王の弟とともに10名の百済の大臣らを人質として捕え首都へ凱旋した。

歴史の記録によれば高句麗においては、貴族たちが錦繡、すなわち多色の絹と刺繡で飾った絹［錦］、そして金と銀で身体を装飾したという。高句麗の人々は、布帛（麻と絹）と獣の皮で衣服を作って着用した。濊（高句麗）の人々には、麻布と蚕桑（蚕の飼養）があったと書かれている（『三国志』魏書、高句麗伝・濊伝）。

高句麗においては、いろいろな絹が大量に生産され使用された。それは、故国原王陵（安岳３号墳）・角抵塚・舞踊塚・薬水里壁画古墳・双楹塚・水山里壁画古墳などに反映されている高句麗の人々の華麗で美しい絹の衣服を見ても一目瞭然である。例えば舞踊塚の壁画においては、高句麗の女子らが踊りを踊る姿が描かれているが、そこには華麗な衣服と折り目のあるチマ（スカート）と紋様のあるチマなど、各様各色のチマとチョゴリがみられる。それらは、多色［色とりどり］の絹を織って作った衣服である。これらが絹布であると断言できるのは、まず麻布では、そのような多色の紋様を染めることができないのである。壁画においてみられる衣服を作ろうとすれば、少なくとも経糸に多色の緯糸を、例えば金糸や銀糸、染色した絹の緯糸などで織り合わせなければならないからである。『翰苑』が伝える「高麗記」によれば「その国の人たちは、また錦という絹を織る。紫朱色の地に紋様を施したものが第一であり、その次には五色錦があり、又その次には雲布錦がある」[1]と述べている。

故国原王の王妃は、濃い紫朱色の地に赤い波紋様の紋様を縦に織っている。そうしながらも衣服の前面を白い色でもって、複雑な紋様である波紋様・点紋様などを秩序整然と配合した華麗な衣服を着用している。これは正に高句麗の最高級の絹である紫朱色地に紋様を施したもので、既述の『翰苑』に引用された「高麗記」に述べて

いる紫地纈文錦のようである。王妃の衣服とは対照的に厨(くりや)で仕事をする女子は紫朱色・軟灰色・青灰色などの単色で素朴な衣服をまとっている。

　集安の長川2号墳から出土した高句麗の絹の遺物は、非常に繊細で組織が均しく緻密である。とりわけ経糸と緯糸が柔らかく稠密である。美しい花の紋様を刺繡した織組方法は、高麗において洗練された経錦技法が導入されていた。

　高句麗においてどのような方法で絹織をしたかは、よくわからないが、三国期に日本に伝えられた「コマニシキ（高句麗の絹）」から推測してみると、高句麗においては平織とともに緯錦織の方法で絹をたくさん織ったということがわかる。

　高句麗古墳の壁画（大安里1号墳）では、織機で布を織っている織女の姿が描かれている。ちなみに1976年に発見・調査された江西徳興里の高句麗古墳壁画には、牽牛と織女の壁画の絵がある。織女は、言葉どおり絹布を織る女性である。高句麗で5世紀初葉の壁画に織女の絵があるということは、牽牛と織女の伝説が昔から朝鮮にもあったということであり、高句麗における絹機織りの盛況をうかがえる資料であると言えるだろう。

　『三国遺事』の「駕洛国記」に絹の話がたくさん記録されているのをみても、伽耶においても建国初期から絹の生産が国家的に奨励され、官庁手工業匠と民間で蚕の飼養が盛行していたことがわかる。『三国志』（『魏書』韓伝）には、馬韓人と弁辰（弁韓）人は早くから蚕桑を知っており、彼らは金と銀・錦（多色絹）と刺繡を施した絹を特別に珍貴なものと見做していたと記述している。気候的条件からみて蚕の飼養は、暖かい南方の国である百済と新羅・伽耶が、北の方に位置している高句麗よりも好条件であると言えよう。まさに伽耶は先行した国（弁韓）を継承して、蚕の飼養と絹織りをもっとも発達させた国であると言えよう。

朝鮮の三国期の絹に特色があり、独特な糸でもって織った絹であったことは、「魚牙紬」・「朝霞紬」と命名された絹だけを見てもよくわかる。

『三国史記』（巻八、新羅本紀）によれば、723年（聖徳王22年条）に新羅が唐に輸出した品物は牛黄・人参・金・銀などとともに朝霞紬・魚牙紬であった。また、869年（『三国史記』巻一一、景文王9年条）に唐へ輸出した絹としては朝霞錦があり、大花と小花の魚牙錦の名がみられる。朝霞紬は朝霞絹という意味であり、朝霞錦というのは色糸の絹である錦であろう。朝霞錦（朝霞紬）・魚牙錦（魚牙紬）の話は、『三国史記』によれば後期新羅になって初めてみられるが、それよりも早い三国期にすでに広く生産されていたことは明らかである。681年10月に新羅は、日本の天武天皇と皇后・太子に金と銀・旗・家畜の皮類とともに霞錦を与えたという（『日本書紀』天武10年10月条）。686年（朱鳥元年4月）にも新羅は天武天皇に馬・驢馬・犬・金・銀・虎の皮・薬剤類とともに綾羅絹など諸種の絹織物を与えた。

霞錦は、朝霞錦の略称である。『釈日本紀』に引用されている「私記」によれば、「朝のかすみ（霞）の色があるのでこの名称がある」と記述されている。

おそらく朝霞紬と朝霞錦は、朝鮮の独特な三眠蚕繭の糸で織った絹として細かくて軽く、そうでありながらも朝かすみの殷々とした光を彷彿させる美しい色に染めたことからつけられた名称であったであろう。また、この絹が連続して唐に輸出されたばかりでなく、日本にもしばしば輸出されたという記録を見ると、当時、この絹が周辺の諸国の国王をはじめとする高位の貴族たちの高い評価を受けたことと思われる。魚牙紬と魚牙錦は、文字の意味からみて魚の牙のような紋様が施された真っ白い紬と錦絹であったと思われる。

朝霞紬と魚牙紬などが、後期新羅に入って初めて生産されたものではないことは、明らかである。唐の時に編集された『杜陽雑編』

によると、それらがすでに久しい以前から生産された絹であったということを知ることができる。そこには、次のような内容が記載されている。

「女王国には、明霞錦があって光沢があり、香りがよく、五色の色彩が浮き出るのがたいへん美しく見える。中国の錦(にしき)よりももっと美しい。」

ここでいうところの女王国とは、新羅を指す。新羅の善徳王（女王、632〜647）の時に唐へしばしば「方物」を献上しながらへつらい、ついには唐の軍隊を引き入れるようになった。その時に新羅が、しばしば使臣を派遣して持って行った「方物」の中に明霞錦が入っていたようである。明霞錦は、すなわち朝霞錦である。ここでわかるように朝鮮の絹（錦）は、中国の人々が自分たちの絹（錦）よりもはるかに美しいと、驚嘆するほどに優秀であったのである。

注
(1) 『翰苑』（太宰府天満宮版）吉川弘文館、昭和52年、41頁、「高麗記云、其人亦造錦、紫地纈文者為上、次有五色錦、次有雲布錦……」

(2) 朝鮮で出土した西域文物

三国期のシルクロードを考証する資料としては、朝鮮の地において出土した、各種の西域[1]文物をあげることができる。

まず、新羅の地においては、西域文物が多量に出土した。

前期新羅の古墳からは、金冠塚・金鈴塚・瑞鳳（鳳凰）塚・天馬塚（皇南洞155号墳）・皇南洞98号墳北墳・南墳などから、20余点の「ローマングラス」と呼ばれる西域系統のガラスの器(うつわ)（碗・ガラスの杯など）が出土した。

新羅において出土したガラスの器は、明らかに西域系統の文物であって、その分布はシベリア・南部ロシア・カフカス・中部ヨーロッパ・地中海周辺に至る広大な地域にわたっている。ところで、興

味のあることはガラスの器の製作年代が、大部分4世紀頃であり、遅くとも5世紀である。このガラスの器の産地は地中海沿岸であり、その製作年代は4～5世紀のものと推測されている。西域文物として異彩を放つガラスの器としては、皇南洞98号墳の南墳から出土したガラスのやかん（高さ25cm）がある。このやかん（薬缶）は、淡緑色のガラスで作ったものであるが、今日の西洋式杯のような台がついている。首の部分には、装飾として糸のように細かい10余条の青色ガラスの平行帯状紋様をめぐらしてある。把手もやはり青色のガラスを使用した。把手の上部に金糸を取り巻いてあるが、これは当時、壊れたものを修理したものであると思われる。口部分は、首の部分より少し広くなりながら外側へ広がっているが、あたかも鳥の嘴のようになっていて、水を注ぐのに便利なように少し狭まっている。

ガラスの器に劣らず興味を引く西域文物としては、慶州の味鄒王陵地区C地区4号墳から出土した首飾りと、鶏林路14号墳から出土した王の象嵌装飾短剣である。

味鄒王陵地区C地区4号墳の主槨から出土した首飾りは、馬瑙と水晶・碧玉、そしてガラス製の曲玉・丸玉（環玉）・管玉・切玉と象嵌ガラス玉でなっている。とりわけ象嵌ガラス玉は、人物をいれたもので大変異彩なものである。コバルト色を地肌として白色・赤色・黄色・緑色などで、2人の人物と6匹の鳥が生き生きと描かれている。そこに刻まれている人物は、中央アジアに住む人か、またはヨーロッパの人であることが、一目瞭然として判明できる。

鶏林路14号墳から出土した宝石象嵌黄金装飾宝剣は、旧ソ連の時期にカザフスタン共和国のボロウェオ遺跡から出土したものと全く同じであり、中央アジアのサマルカンドのアフラシャブ壁画と、中国の新疆省ウイグル自治区のキジル千仏洞の壁画に描かれた黄金短剣と全く同じである（図17、18）。この他に、伽耶の陝川玉田1号墳

からも西域系統の「ローマングラス」が出土した[2]。日本の奈良県新沢千塚126号墳からもガラスの椀などが出土している。

ところで問題は、この西域文物がどのような経路を経て、また、どの道を通って新羅と伽耶、さらに日本の地にまで、伝来されたのかということである。

結論からいえば、それは高句麗を経て伝来された西域文物であった。

前期新羅の古墳から出土した西域文物は、ほとんど4～5世紀の品物である。すなわち、これらの文物が出土した新羅の古墳である鳳凰塚の銀盒の「延寿」元年の銘は、訥祇麻立干35年（451年）に該当する。皇南洞98号墳の南墳は、5世紀初に該当する402年に死んだ奈勿王、あるいは417年に死んだ実聖王の墓と比定されており、金冠塚はそれよりも少し遅い5世紀前半期に、皇南洞98号墳の北墳は5世紀後半に、天馬塚は6世紀を前後した時期に、金鈴塚は6世紀初めに、それぞれ比定されている。

ここで知られているように新羅の古墳で西域の製品物が出土したのは、4世紀から6世紀初までの期間である。

それが高句麗の滅亡以後からは、中国を経て西域文物が入りはじめた。

周知のように新羅は、三国期に高句麗・百済・新羅・伽耶のなかでもっとも立ち遅れていたし、慶州を中心とする六村（六部）から遅く発達しはじめた国であった。

新羅は、337年と381年に、自分の歴史発展で初めて北中国の前秦に使臣を派遣した。しかし、この時にも新羅は、独自に外国へ使臣を派遣することができず、高句麗や百済の使臣に従って行った。

『三国史記』巻一八、高句麗本紀、小獣林王7年（377）11月条によれば、高句麗は前秦に使臣を派遣したと記している。ところで『資治通鑑』（巻一〇四、晋紀孝武帝太元2年丁酉春条）によれば、「高句麗

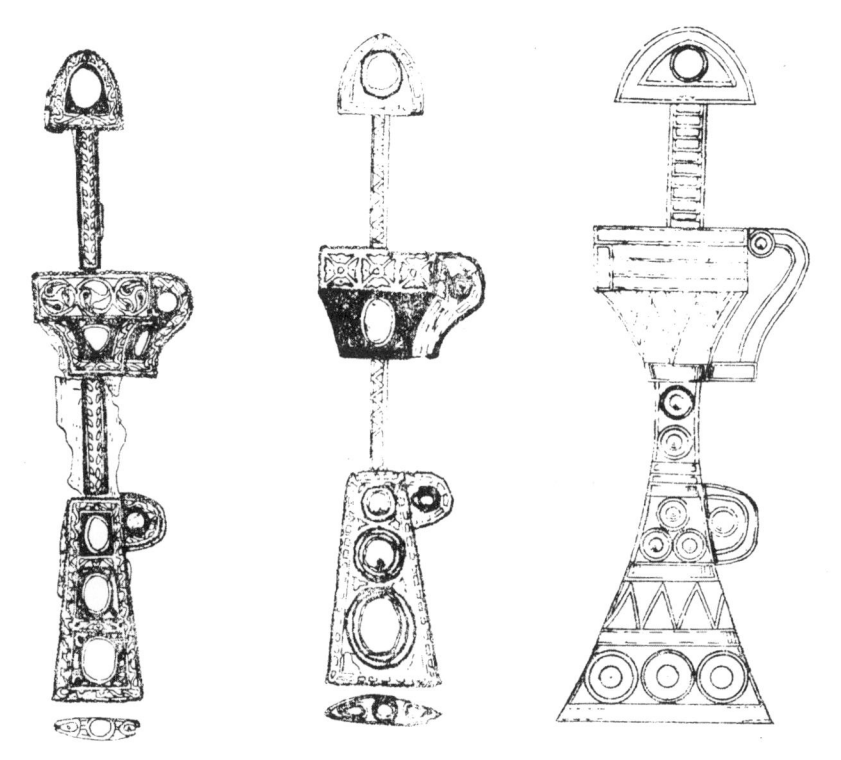

図17　西域文物の一つである短剣
　　　左側：慶州鶏林路14号墳出土短剣
　　　右側：ボロウェオ出土の短剣

図18　キジル壁画に描かれた短剣

と新羅、西南夷等が使臣を秦（前秦）に送ってきた」という。しかし、『三国史記』新羅本紀、奈勿尼師今の該当条には、新羅が秦（前秦）に使臣を派遣したという記録がない。このことからして、新羅は高句麗の使臣に従って前秦に行ったものとみられる。381年にも新羅は、前秦に使臣を派遣したが、これについては『三国史記』新羅本紀の該当記事に記録されている。この時にも新羅は、やはり高句麗の使臣に随って行ったとみられる。

　4世紀末～5世紀初頃は、高句麗軍が新羅の首都に恒時的に駐屯していたほど、高句麗に対する新羅の従属性が強い時期であったの

で、新羅の使臣が高句麗の使臣に依存しながら国際舞台に登場したということは、明白である。

　中国歴代の文献には、新羅を指して「斯羅（新羅）は、その国が余りにも小さいので独りでは他の国に使臣を派遣することができなかった」（『梁書』諸夷伝、新羅）と、述べている。

　521年当時までも新羅は、梁に使臣を派遣して外交および貿易関係をもとうとしたが、独自に使臣を派遣することができなかった。それで百済の使臣に随って行った。このように新羅は、6世紀初葉頃までも国際舞台で独自に活躍することができなかったので、大陸の諸国・諸地域との外交と通商交流を高句麗や百済に依存しなければならない実情にあった。

　新羅は、東方の強大国であり、先進国である高句麗の保護国としていながら、先進文明を受け入れるために努めた。4世紀～5世紀初めに高句麗と新羅を一方とし、百済－伽耶を他方とする大戦争時期に、高句麗は新羅の慶州一帯に数万名の軍隊を派遣し、その後、高句麗軍は恒時的に新羅に駐屯していながら、新羅を制圧して保護領のように取り扱った。これについては、有名な「広開土王陵碑」と『三国史記』が充分に伝えている。はなはだしくは、高句麗は新羅の王権交代にも積極的に介入したが、417年の訥祇王の即位のときに高句麗が深く関与したことは、有名な話である。

　先に考察した西域の文物は、新羅の古墳に埋葬された時期は、高句麗軍の新羅駐屯時期、または高句麗の影響下にあった時期に該当する。高句麗の製品であることが明々白々である慶州壺杅塚の青銅盒「壺杅」（415年）と、鳳凰塚から出土した銀盒（451年）などの高句麗製の遺物と文字資料が発見された。この墳墓をはじめ新羅の古墳からは、太環式耳飾りをはじめ一連の高句麗遺物が出土する。

　5世紀末のものである「中原高句麗碑」によれば、高句麗の立場で自己を兄に、新羅の王を弟と、取り扱いながら新羅王を「東夷寐

錦」として待遇し、その官位制に応じた衣服を下賜したばかりでなく、新羅の領域内に「新羅の地内の幢主」という軍司令官を派遣した。これらのすべては、4～6世紀までも高句麗が新羅に対して大きな影響力を及ぼしていたし、新羅が高句麗の実質的な属国のような取り扱いを受けていたことを物語っている。このような高句麗－新羅関係の中で、上で考察した4～6世紀初めの新羅の古墳から出土した西域文物を見るべきであり、これは絹と「シルクロード」の貿易とも関係する。

注

(1) 西域という名称は、朝鮮と中国・日本が中国の西方に位置した諸国を総称した凡称である。大きくは、ペルシア（イラン）・小アジア・エジプト方面まで包含し、小さくはタリム盆地一帯を指す名称であった。換言すれば、今日の中央アジア一帯を俗に西域と呼んだ。一般的に中央アジアの西方のすべての国、すべての民族をひっくるめて西域と呼んだ。ここでもそのような概念で使用することにする。

(2) 新羅においてガラス容器が出土した古墳は、次のとおりである。

環状口縁黄緑色杯	慶州市月城路カ113号墳
杯	〃
紺色線文鳳首形台付瓶	慶州市皇南大塚南墳
環状口縁網目文貼付杯	〃
淡緑色杯	〃
環状口縁淡緑色杯	〃
紺色碗	〃
褐色縞目文台付杯	慶州市皇南大塚北墳
円形カットグラス碗	〃
紺色杯	〃
紺色碗	〃

その他、慶州市金冠塚（2点）・天馬塚（2点）・瑞鳳塚（3点）・金

鈴塚（2点）・月城郡安渓里4号墳などでガラス製品の碗などが出土した。

(3) サマルカンドへの高句麗使臣派遣

高句麗は、強大国として今日の中国の東北地方全体と、内モンゴルの一部地域を包括する、広闊な地域を占めていた。高句麗は、大陸の諸国・諸民族と多角的な外交と貿易通商関係を維持していた。そればかりでなく西域の国々とも独自的で正常的な関係を維持するための自分の独自な通路をもっていた。

高句麗が隣接した国々・諸民族に輸出した品物はいろいろなものがある。馬・貂の毛皮・虎の皮・金・玉・人参・絹布などであった。

高句麗が中央アジアと連繋をとっていたという事実は、高句麗から数万里も離れたウズベキスタン共和国のサマルカンド市から出現した壁画資料を通じて知ることができる。

高句麗から数万里離れているサマルカンド市は、昔から「シルクロード」の中継都市として広く知られている。サマルカンド市は、1222年にジンギス汗によって破壊され廃墟になる前までは、現在の市の北方の郊外アフラシャブと呼ばれる台地にあった。ここには、不均衡な三角形をなし、四重の城壁をめぐらした広大な昔の都城址がある。

1965年にアフラシャブ都城址のほとんど中心部である第三城壁内部の第23発掘地点において道路の工事中に彩色壁画のある建築址が発見された。この彩色壁画に高句麗の使臣が描かれていたのである（図19）。

壁画の内容は、だいたい650～655年頃にあった歴史的事実を反映したもの、と推測されている。

古代時期にサマルカンドは、「康」または「薩抹巾」・「諷抹巾」・「悉漫巾」などと呼ばれた。これは、すべてサマルカンドの漢字式表

図19 サマルカンド・アフラシャブ宮殿壁画に描かれた高句麗使臣

記であろう。7世紀のサマルカンドは、大きくない都市国家であり、豊饒な国であった。7世紀を前後した時期に「屈目支」という王が西突厥の娘と結婚してから西突厥に臣属するようになった。

高句麗の使臣を描いた壁画を650～655年間のことを表現したものと考えるのは、まさに壁画にサマルカンドの王であるワルフマンの宮殿に訪ねてきたハリスタン（土火羅）のスルタン、タリヤ江流域の小国家チヤガニアンと東部トルキスタンの高昌国、また唐の使節団の入厥の姿を描いた絵があるからである。今でもビクトリヤの文字である草書体の2行と、ソグド文字の草書体16行の銘文が残っている。

そこには「ウナシ族のワルフマン王が、その使節に接近したとき、使節は口を開いた。『吾はチヤガニアンの官房長官で名前はブガルザテと呼ぶ人である』……」と、書かれている。

『新唐書』（巻二二一、下、西域列伝146、下、康）によれば、中国（唐）高宗永徽年間（650～655年）に唐は、大国主義的立場で「康」、

言い換えればサマルカンドを康居都督府となし、その国の王ワルフマン（仏平漫）を都督府の都督とすると一方的に宣布した。いうまでもなく、それは虚勢にすぎなかった。ともかく、ワルフマンの生存時期が、高宗永徽年間に該当することだけは、間違いない。

したがってワルフマンの事績が反映されたこの壁画の時期を650〜655年間のことと推測するのである。

高句麗の使臣2名は、唐の使節団のように贈り物を持っていないし、外国の使節団の最後尾にはなれて、二つの国（唐とチヤガニアン）の使節の礼訪を後方で腕をこまねいて傍観している印象である。したがってもっとも後方にいる2名の使臣は、サマルカンドとは因縁が少し遠い国からきた使臣であることが察知される。彼らは、唐の使臣とは別途にサマルカンドに行って偶然に唐の使臣の礼訪儀式に参加するようになったらしい。

壁画に描かれた2名の使臣の服装は、折風と呼称される帽子、環頭太刀など、すべてのものが高句麗の服装そのままである。いうまでもなく、伽耶と新羅の人も鳥の羽と環頭太刀を使用した時があったが、伽耶は7世紀中葉には存在しなかった。

新羅もやはり649年以後には、唐に対する極端な事大主義によって支配階級の礼（官）服をはじめとするすべての服装を、唐の服装に制度化して使用するようにした。

新羅の統治者は、唐の皇帝から衣服を受けると即刻、それを着用して外国に行きはじめた。例えば651年（日本；孝徳天皇、白雉2年）に新羅沙湌（新羅の官等級17階の第8階）知萬(ちま)らが、唐の衣服を着用して日本の北九州の筑紫へ到着した（『日本書紀』孝徳天皇、白雉2年条参照）。これに対して日本の大和政府の為政者までも、非難するほどであった。

このように新羅は、金春秋が648年に唐へ行った翌日から即刻唐の衣服を身にまとって、外国へ出かけており、650〜655年間の事実を

反映したサマルカンドの壁画に描かれたものが、新羅の使臣であったとは、とうてい考えられないことは明白である。

アフラシャブ宮殿の壁画に描かれた2名の使臣は、膝の上までくる黄色のチョゴリを着用しており、腰には黒い帯を締め、バジ（袴）を着用している。

バジは、脚の下部が狭まり、靴の先がボソン（足袋）のように尖っている。両手は、拱手の形式をとっている。チョゴリ部位は、壁画が脱落しているが、前の部分は襟(えり)が襖(せん)になっているものと考えられる(1)。

この壁画とまったく同姿のものを、集安の舞踊塚と龍岡の双楹塚においても見ることができる。膝の近くまでくる袖のチョゴリ（上衣）、脚の下部が狭まったバジ（袴）、ボソン（足袋）のような短革履、両手をこまねいている風習などは、高句麗人の服飾そのものである。

高句麗が、このとき（壁画が描かれた当時）に初めて中央アジアの方へ使臣を派遣したのではなかった。当時、高句麗は、唐が全面的な侵略戦争を起こすことを念頭において、彼らを背後から牽制する必要性が提起された。それで高句麗は、当時、中央アジアの草原地帯を占めていた突厥と連合提携のために使臣を派遣することにしたのであった。

607年（高句麗嬰陽王18年）に高句麗は、当時、強盛であった突厥に使臣を派遣した。これについて『隋書』（列伝裴矩）と『三国史記』巻二〇、高句麗本紀には、隋の煬帝が突厥酋長の帳幕に行く前に高句麗の使臣が前もって突厥酋長の帳幕にいた、と記述している。そして高句麗の滅亡以後においては、高句麗人の中で突厥の地域へ移動する人々が多かったという（『旧唐書』高句麗伝）。これは高句麗が、早くから突厥と連繋が深かったことを示している資料である。

当時の突厥は、強大な勢力を持っていた。アルタイ地方に住んでいた突厥は、クリム半島から中国の国境一帯までのほとんどすべて

の草原地帯の遊牧民を統制し、西トルキスタンと東トルキスタンを服属させた。突厥可汗国は、ビザンチン・ペルシア・唐と戦争を行なった。7世紀初めまでも突厥王国は、インドとの国境地帯であるカーブルを包含した一帯まで統制した。

高句麗は、このような遊牧民族国家である突厥に、隋を牽制して引き寄せるために使臣を派遣したのである。したがって高句麗は、突厥の酋長が居住していた中央アジアへの交通路を確保していたとみられる。もちろん、これは唐の領土を通らない、北方交通路であった。

高句麗の人々は、中央アジアと直接に接触している自己の独特な交通路を確保していたとみられる。高句麗人が開拓した中央アジアの道は、今までのすべての国がそうであったように政治外交的交渉とともに、文物交易の道でもあった。高句麗の優秀な絹（絹織物）と人参・毛皮などは、唐を経て、または直接的な「シルクロード」を通じて輸出されていた。高句麗使節が帰国する時には、稀貴な西域のいろいろな文物を駱駝や馬に載せて高句麗にもち帰った。

では、高句麗が度々利用した交通路は、どこであったろうか。

それは中国の万里の長城（黄河流域）を避けた交通路であったので、自然に北アジアを経由しなければならなかった。

1959年に内モンゴルの呼和浩特市において、西アジアの製品である銀杯と指輪、ビザンチンのレオ11世（457～474年）の貨幣が埋葬されていた墓が発見されたし、1965年にはペルシア（イラン）のガバド1世（488～531年）とホスル1世（531～579年）の銀貨が出土した。

このような事実は、サマルカンド⟷敦煌⟷ピョンヤンなどを結ぶ「シルクロード」以外にも、ピョンヤン⟷内モンゴル（呼和浩特、あるいはタリガンガ）⟷天山山脈⟷サマルカンドを連結する、今一つの東西交通路が開拓されていたと推測することができる。

万里の長城を大きく迂回してゴビ砂漠を通過する、このような今

一つの交通路は、高句麗の人々が初めて開拓したと考えられる。それは北中国の一帯において興った各遊牧民族の侵略を背後から牽制するためにも必要であったし、また、高句麗統治者の奢侈的需要を充足させるためにも提起された問題と考えられる。ピョンヤン大城山城から鳥の形のようなガラスの器が出土したことがある。これは西域との交易によって伝来されたものと思われる。

高句麗に伝来されたガラスの杯などの一部が、新羅と伽耶にも伝えられたと思われる。それは「広開土王陵碑」と「中原高句麗碑」などにも、高句麗王が新羅王に衣服と黄牛を与えたとの記録があることからみて、その他にも高句麗の稀貴な品物とともに高句麗に入ってきた西域の文物を贈り物として与えたことと考えられる。新羅慶州の多くの古墳から出土した副葬品は、まさにこのような高句麗経由の品物であった、と思われる。

高句麗が、いつ頃からシルクロードを開拓したのかは明らかではないが、新羅の古墳から出土したガラス杯の年代が4～5世紀頃のものであることからして、やはりこの頃に高句麗の西域への交通路が開拓された、と考えられるのである。

このことを確証するものが、黄海南道にある故国原王陵（安岳3号墳）の壁画資料である。

故国原王陵後室の東壁には、長鳴・玄琴・琵琶などの楽器の伴奏に合わせて踊るひとり舞の姿を描いた壁画がある。踊る姿は、脚を交えて足踏みするようであるし、両手を打ちながら何かの歌でも唄っているようである。彼のかぶっている頭巾は、赤い点紋様を施した布で作ったもので、少し異彩なのが特徴的である。彼は、チョゴリ・バジ（袴）を着用しているが、バジには端に赤い線を引いて表わした紋様がある。

顔は鼻が異常に高く、また、大きく描かれている。眼は、細長く描いているが、眼の瞳孔は見えない。手も特別に大きく描かれてい

る。足よりも大きく描かれている。すでに発表された「安岳3号墳」に関する本においては、ひとり舞を踊るこの人物を仮面舞と見た[(2)]。

特別に鼻が高く大きいこと、手が足より2倍も大きい点、赤い点の紋様をした布をかぶったことなどからして、明らかに仮面舞を踊っているとみられる。しかし、どのような仮面であり、どのような仮面舞であるかが問題である。高句麗は、すでに見てきたように万里の外地にある遥かサマルカンドにまで使臣を派遣した。この事実は、学界を大きく驚かした。高句麗が、東北アジアの範囲を大きく抜け出て、広い国際的範囲で対外事業を活発に展開し、大規模に三国統一政策を実現するために活動してきたことが事実として、その一端を窺えるようになった。高句麗が、7世紀に入ってから初めて西域に使臣を派遣したのではないであろうし、すでに以前から派遣してきたと見るのが正しい。

北魏をはじめ北中国一帯の亡命客たちが高句麗に入って来て、高句麗の臣下の役を行なったことは、いろいろな文献資料に見ることができる。また、344年のこととして宇文鮮卑の酋長である宇文逸豆帰が、砂漠の北方に遠く逃れた後、東方の高句麗に亡命してきた事実がある。『資治通鑑』（巻九七、晋紀19、康皇帝）によれば、燕王慕容皝（慕容鮮卑の酋長）が、宇文逸豆帰の勢力がもっと大きくなる前に撃つつもりで、彼に対して強力な攻撃を加えた。4世紀の宇文鮮卑は、遼西の熱河地域に割拠していた勢力であった。宇文鮮卑は、自分が信じていた勇将が戦死すると遥か遠くの漠北（モンゴル砂漠の北方、すなわち今日の内モンゴル一帯）に逃れたという。

しかし、同じ事実を伝えながらも『魏書』（巻一〇三、列伝、匈奴宇文莫塊）によれば、慕容皝が逸豆帰を撃つと抗拒にあって大敗したという。また、彼の勇将渉夜干が死んだ後、気がくじけて、はるか遠い漠北へ逃れた後、高句麗へ亡命したという。宇文逸豆帰が、いかなる路程を経て高句麗へ来たのかは、よくわからないが、この事実

を通じて高句麗から砂漠（ゴビ砂漠）に通ずる道、砂漠から高句麗へ通ずる道が、すでに開拓されていたことがわかる。

　このようにみるとき、4世紀に高句麗が、砂漠の道を通じて西域への道を開拓し、その道を通じて高句麗の優秀な絹が、西域に数多く流れていったとみるのも、無理なことではないであろう。そして、その代償として「崑崙の玉」・「ローマングラス」などをはじめ西域の稀貴な品物が、高句麗へ入ってきて、その一部であるガラス杯などが新羅へもたらされたのである。逸豆帰の事件があった344年は、故国原王14年になる。故国原王陵の壁画に描かれた人物（仮面をかぶった人）は、まさにこのような高句麗の西域諸国との交易と関連がなかったとは考えられない。推測すると、西域へ行ってきた高句麗の人々が帰国の際に随伴したのは、品物ばかりでなく、人までもいろいろな経由を経て高句麗へ招聘されてきたのであろう。そうでなければ、そのような人を真似て仮面を作ったものと思われる。西域の仮面をかぶった歌舞人は、高句麗の故国原王の前において西域の独特な踊りである脚を交差して座ったり、立ち上がったりする、今日の中央アジア地域の踊りを踊ったのであろう。壁画は、まさにそのような場面であろう。換言すれば、高句麗人が西域の仮面を作り、彼らを真似た踊りを踊ることができたのであろう。このように考えるのは、決して憶測からだけではない。高句麗の対外活動の領域を知ることのできる資料が、補充されるのにつれて、それは充分に可能な推測であると言える。

　したがって、故国原王陵の壁画に描かれている仮面踊りも再考察されるべきであり、アジアの大強国であった高句麗の対外活動の見地から再評価されるべきであると思う。いうまでもなく、そうだと言って故国原王陵の壁画に描かれた一人の西域仮面（中近東の人を真似た仮面である可能性が多い）をもって、高句麗が西域文化の影響を受けたとか何とかというのは、語不成説であろう（図20）。

図20　安岳3号墳に描かれた西域の
　　　仮面踊り

　では、高句麗の文物が、どのような道を経由して、どのようにして新羅の首都である慶州に伝えられたのであろうか。
　高句麗←→新羅の道は、第一に東海岸の道であり、第二には竹嶺の道であり、第三に聞慶・鳥嶺の三つの道であった。東海岸の道は、古代から開拓された道であった。450年に高句麗の片方将帥が、悉直(今日の三渉)原において狩猟をしているのを新羅の何瑟羅(今日の江陵)城主が出兵して殺害する事件が起こった。これは東海岸に該当する交通路が、三国期に利用されていたことを表わしている。竹嶺の道は、高句麗－新羅間の基本通路の一つであった。
　竹嶺(689m)は、忠清北道の丹陽と慶尚北道の栄風の境界線を連ねている。竹嶺は、高句麗が開拓した道であった。その後6世紀に入って新羅が、小白山脈以南の嶺南地域にとどまっていた領域を出て、初めて高句麗の領域に進出した。その時、竹嶺を越えて最初に確保した地が丹陽であった。新羅が、高句麗の地である赤城を占拠した「記念」として建てられた碑が「丹陽赤城碑」である。高句麗

は、新羅に進出する基本幹線道路の一つであった竹嶺を重要視した。

　642年に新羅の金春秋が、百済を撃つために軍隊を要請してきたときに、高句麗の宝蔵王が「竹嶺は本来わが国の地である。汝がもし竹嶺西北の地を返してくれれば、軍隊を貸してやることができる」と言ったのは、竹嶺が高句麗と新羅の境界線であり、高句麗の久しい領土であり、南方へ進出する重要な交通路であったことを物語っている。

　聞慶・鳥嶺の道も早くから開拓利用された交通の要衝地であった。『三国史記』によれば、156年に聞慶の横にあった鶏林嶺の道が開拓されたという。この道は、ピョンヤン―開城―聞慶（鳥嶺）―尚州―善山―慶州をつなぐ道であった。

　高句麗の僧墨胡子が、新羅の一善郡（今日の慶北善山）に行き、郡人の毛礼家の窟室にいたとある『三国史記』（巻四、新羅本紀、法興王15年条）の記録からして、その交通路は間違いない。また、475年の「中原高句麗碑」が、忠州（中原）に建立されたことも忠州―聞慶（鳥嶺）・鶏林嶺の道が、重要であったからである。

　聞慶（鳥嶺）道のすぐそばに位置していた鶏林嶺は、三国期には同時に利用された交通路であったので鳥嶺と鶏林嶺は、区別なく一つの対象とした場合が多かった。

　この道を通じて高句麗が、西域と貿易した品物の一部が新羅へもたらされたのであろう。

　注
(1)　社会科学院考古学研究所編、呂南喆・金洪圭共訳『高句麗の文化』（同朋舎、1987年）の服飾条を参照されたし。
(2)　『美川王陵』社会科学院出版社、1966年、54頁。
　　安岳3号墳は、一時、美川王陵と比定されてきた。最近の研究された成果によって故国原王陵に比定されるようになった。
(3)　高句麗をはじめ百済・新羅・伽耶の人々は、早くから仮面を作っ

て踊りを踊った。その中には、朝鮮的ないろいろな仮面とともに西域の固有な人物とか獣を形象した仮面もあった。例えば、今日伝えられている奈良県の東大寺の倉庫である正倉院に、日本へ伝来された宝物の中には、伎楽面と呼ばれる西域の人を形どった仮面、獅子の頭を形どった仮面など、諸種の仮面が保管されている。このような仮面は、7～8世紀の伎楽面といっているが、それよりももっと古いものもある。ところで、これらの伎楽面は「くれがくの仮面」と呼称されている。「伎」を「くれ」と呼んできたものである。612年に百済の人、味摩之が日本へ行って教えたものが、正にこの伎楽「くれがく」であった（『日本書紀』巻二二、推古20年、是歳条）。このようにして見ると、三国期に西域の人を真似て仮面をかぶって踊る仮面踊りがあって、それが高句麗を経て百済・新羅・伽耶にも伝播されたものではないかと考えられる。

2．シルクロードの日本列島への拡張

シルクロードは、読んで字のごとく、絹を輸送するために伸びていった交通路である。絹を媒介物として東西文化の接触・交流は、東方の端に位置している日本へも伸びていった。日本人は、俗に日本がシルクロードの終着点と、好んで語る。しかし、われらは日本の絹生産がどのようにして始められるようになり、また、東西文化交渉の精華という西域の文物が、どの路を経て日本列島に伝えられたかについて語らずにはおられない。

（1）日本に伝播された朝鮮の養蚕と絹

日本における絹織物の生産は、日本列島内において自生したものではなく、それは、朝鮮人の積極的な活動によって初めて行なわれたものである。

朝鮮の蚕の飼養と絹織りの歴史は、たいへん早い時期から始められ、その豊富な経験と優秀な伝統を持っていた。したがって、今まで世界の蚕業界と言ってきた中国の桑蚕と繭が東方へ伝播され、それが朝鮮に入ったとか、または中国の絹が朝鮮を経て日本へ伝来されたという話は、成立しにくい。

日本も古い絹の歴史を持っている。しかし、それは朝鮮の桑蚕（くわこ）に基づいた絹の生産に起源をおくものである。換言すれば、古代に朝鮮の長鼓形繭の品種が、日本に伝来され、いわゆる日本種になったと言える。

周知のように、古代朝・日関係の一千余年におよぶ歴史は、朝鮮人民が日本列島へ積極的に進出して日本の地に文明をもたらした歴史であった。この過程で、稲作生産技術をはじめ農機具と畜力である牛と馬などが海を越えて日本へ行き、その他の種々な文明も日本

列島へ伝えられた。この期間に人に連れられて家畜とともに犬・鼠までも、日本列島へ伝播されたという[1]。

朝鮮の養蚕技術も早くから日本へ伝えられた。

まず、考古学的な側面からみて、日本における稲作文化遺跡のもっとも古い時期のものといわれる、西北部九州の唐津市菜畑遺跡から紡錘車１点が出土した。これは、蚕の繭綿の糸繰ぎをするのに使われたものとみられる。紀元前500年頃のものとみられている、この遺跡（日本の新石器時代である縄文時代の末期）の紡錘車は、日本縄文時代の人々が使用したものではない。この遺跡が、朝鮮ともっとも近い所に位置していることからして、朝鮮人が残した遺跡であることは、明白である（曺喜勝『日本での朝鮮小国の形成と発展』科学百科事典出版社、1990年、20〜24頁）。

この遺跡から紡錘車が出土したということは、朝鮮人が蚕の飼養技術をいっしょに持って行き、日本列島に伝播・普及させたものと考えられる。

『三国志』（『魏書』倭人伝）の記録によれば、倭人が禾稲と紵［麻布］・麻を植え、蚕を飼養すると記している。また、細かい紵と「縑」（絹の一種）を生産するという。これは、朝鮮の人々の先進的役割によって成ったものである。普通の絹ではなく「縑」（かとりきぬ）を生産するということは、朝鮮人がそれを専門としたからである。香川県をはじめ瀬戸内海沿岸で出土した銅鐸には、糸繰ぎをする姿と朝鮮式に臼（うす）で穀物をつく姿が刻まれている。また、田能遺跡をはじめとする多くの弥生遺跡では、石と土で造った紡錘車までも出土した。

九州佐賀県の吉野ヶ里遺跡からは、日本列島においてもっとも古いと言われる高級の絹が出土したという[2]。それは疑いもなく、朝鮮系統の絹であった。実験検査を行なった結果、それは朝鮮の三眠蚕がふき出した繭の細い糸を繰いで織った絹であったことが判明した[3]。吉野ヶ里遺跡自体が、早くから日本列島へ渡って行った朝鮮

移住民集団の人々が残した遺跡[4]であるので、その遺跡内の朝鮮系統の甕棺の中から朝鮮の絹が出土したということは、至極当然のことである。

★　日本人の学者は、吉野ヶ里遺跡から出土した細い糸の絹を日本の「国産」製品であると言っているが、その当時、日本の原住民らが蚕の飼養技術を習得するのには、まだまだ時間がかかったと思われる。

　吉野ヶ里遺跡の絹は、三眠蚕から繰いだ糸で織ったものであることが明らかである以上、それは遺跡の朝鮮的性格とも一致し、両者はそのまま、西北九州一帯に進出定着した古朝鮮の住民であるか、馬韓など西海岸一帯の住民が日本の地で蚕を飼養して得た繭の糸でもって織った絹であったであろう。ところで、今日本においては吉野ヶ里遺跡から出土した遺物の数点をもって、それが伽耶と通じ、伽耶のものはいわゆる楽浪と通じるので、結局、吉野ヶ里遺跡はあたかも「漢式文化」の影響を受けたものであるように歪めて解釈しているが、それは間違いである。

　吉野ヶ里遺跡の甕棺から出土した装飾柄がついた細形銅剣（剣身部分30cm、柄部分14.5cm、剣身の最大幅3.2cm、厚さ0.8cm、柄頭の直径18.5cm）と、墳丘（墳墓）の西の区画から出土した小形細形銅剣（長さ21.1cm、幅2.3cm）は、義昌（郡）茶戸里遺跡の1号墳、または、金海良洞里55号墳から出土した銅剣と全く同じである。銅剣とともに出土した70余点の管玉もやはり朝鮮製であった。日本の学界においては、一鋳式（剣身と剣柄をともに鋳造したもの）銅剣が出土したのは、このたびが初めてであるといいながら、自分の「独自性」と「創造性」を強調するが、ピョンヤン一帯をはじめ朝鮮の多くの所からも一鋳式の細形銅剣が出土した。また、伽耶の文化は、いわゆる「漢式の文化」ではない。伽耶の初期支配勢力の文化は、古朝鮮後期の文化であった。すでに研究されたように初期伽耶の支配勢力は、南下していったピョ

ンヤン一帯の古朝鮮の勢力であった。初期新羅の支配勢力と同じく伽耶の支配勢力も木棺墓（木槨土壙墳と木槨墳）の葬法を使用する集団であったし、銅釜を使う勢力であった。銅釜は、ピョンヤン一帯において数多く出土しているし、それと全く同じような銅釜が、金海大成洞29号・47号墳・金海良洞里235号墳などからたくさん出土した。これらすべてのものは、初期六伽耶連合体の盟主的地位をしめた勢力が金首露に代弁される古朝鮮の政治集団であったことを示している（曺喜勝『伽耶史研究』社会科学出版社、1994年、95〜100頁）。

ここにおいてピョンヤン一帯に漢の「楽浪郡」があり、その文化は中国の「漢式文化」であるというのも全く道理に合わない話である。したがって吉野ヶ里遺跡の文化的性格が伽耶と通じ、伽耶が「漢の楽浪郡」と通ずるというのも話にならない。事実は、吉野ヶ里遺跡の文化の性格が、古朝鮮（ピョンヤン一帯）の文化と通じ、初期伽耶の文化も古朝鮮（ピョンヤン一帯）の文化と通ずるので、吉野ヶ里遺跡と伽耶が通ずるように見えただけである。吉野ヶ里遺跡が、紀元前1世紀頃から紀元後2〜3世紀頃までの遺跡であることから両者は互いに共通点と影響関係を論ずるようになるのは、自然な成りゆきであろう。しかし伽耶と吉野ヶ里遺跡は、地理地域上において直接通じえない。吉野ヶ里遺跡は、朝鮮の西海岸を経て南下した古朝鮮と、その影響を濃く受けた馬韓の人々が海を渡って西部九州の有明海を経て佐賀平野に進出して定着したものと見るべきである。

文献における伝承もまた日本古代の養蚕と絹織りが、朝鮮と朝鮮人を離れては考えられないことを記録している。

『日本書紀』（巻一〇、応神14年2月条）に、百済王が裁縫工女真毛津（きぬぬひをんな／まけつ）を日本へ送ったが、彼（女）が日本の衣服政策技術の先祖になったという。

続いてこの年に弓月君（ゆうつきのきみ）らが、120県の百姓らを率いて行ったという。ところで、『新撰姓氏録』（左京諸蕃上、韓）の「太秦君宿禰条」（うずまさのきみすくね）には、これら朝鮮から渡って行った秦氏（はた）などが金と銀・珠玉・絹を献じただけでなく、蚕飼養をして絹を織って献じたと述べている。王は、彼らが献じた絹糸で衣服を作って着用したが、柔らかで皮膚によかったと讃辞を惜しまなかったし、彼らの姓を「秦」（はた）（皮膚という語）とするようにした。

その後、数年が過ぎた後に絹糸が王宮に山のように積まれたといって「禹都萬佐」（うづまさ）・「太秦」（うづまさ）（積まれるという意味）という称号を与えたという。

これとよく似た内容が『古語拾遺』にもあり、絹を織る織機を秦織（ハタオリ）と言ったのも秦氏に由来するという。

『日本書紀』によれば秦氏は、百済から来たというが、種々の資料を総合してみると、新羅人の集団と考えられる。ともかく百済人であれ、新羅人であれ、秦氏は朝鮮人であることには間違いない。

現在も日本の京都市太秦（うずまさ）には、蚕の祠堂が残存して伝えられている。ここには、伊佐羅井という秦氏の絹織りと関係した井戸がある。

その他にも朝鮮から絹を織る織工らを日本へ派遣した事実は、数多く存在している。弟媛（おとひめ）・兄媛（えひめ）・呉織（くれはとり）、穴織（あなはとり）についての記録（『日本書紀』巻一〇、応神37年2月条）、新羅の人たちが、絹布1,460匹と多くの物資を船に載せて日本へ送ったという資料（『日本書紀』巻一一、仁徳17年条）、百済から日本へ渡って行った漢織（あやはとり）・衣縫（きぬぬひ）たちが、どこどこへ行って集団で住みながら、日本の服飾発達に寄与したという史料（『日本書紀』巻一四、雄略14年条）など、多くの史料が、まさにそれである。

『日本書紀』・『新撰姓氏録』・『古語拾遺』などに織女についての記録が存在するし、それが一様に朝鮮から渡って行った織女らであるということに注意をすることが必要である。織女は、すなわち絹を

織る女工を指す。

　絹は、絹糸があれば織ることができるのであり、絹綿は蚕から生産される。それゆえに織女らの日本列島への進出は、必ず蚕の糸と蚕の飼養を同伴しなければならない。

　次に、日本の土着種蚕について検討することにする。

　日本においては、今でも朝鮮に自生する山蚕（くわこ）と、全く同種の山蚕が桑の畠で野生している。では、この蚕が、元々日本列島において棲息する絹糸昆虫であったのであろうか。それには、疑問が残る。何故かと言えば、現在、日本において野生する山蚕（くわこ）が、朝鮮から伝播されたと思われる有力な証拠があまりにも多いからである。

　日本の山蚕―くわこを含めて人間が順化させて養う家蚕は、ともに紀元前5世紀頃から紀元後7世紀までの約一千年間に朝鮮人が日本列島に普及させた文化の恵、文明の一つであった。何よりも文献を通じて、朝鮮人による日本での養蚕について垣間見てみることにする。

　日本における蚕の飼養についての代表的な記録は、『日本書紀』と『古事記』である。『日本書紀』巻一一（22年条、30年条）によれば、仁徳「天皇」が、八田皇女という女性を妾にしようとすると王后が、これを許さなかった。

　ここで王后が歌ったという歌に、夏蚕と蚕の衣服（蚕糸から績いだ糸で作った衣服という意味）の話がでてくる。やがて王后は、山城（今日の京都）に行って筒城崗（ツツキの崗）の南方に宮室を建て、そこへ住みついて、そして、そこで死んだという。

　『古事記』下巻にも、基本的に同じ事実を伝えながらも、いくつかの話が付け加えられている。

　仁徳「天皇」の妻は夫が、妾を娶ったことに対してねたんで山城の筒城（つつき）の韓人（からひと）である奴理能美（ぬりのみ）の家に入って住んだと述べている。しかし、臣下らは、仁徳に「王后が出行した理由は奴理能美が養う虫

を見るためです。それは、一度は這う虫となり、一度は鼓(つづみ)になり、また一度は飛ぶ鳥になるなど、三色に変わる異常な虫です。したがって、異心はありません」と言った。

仁徳は、それを聞いて自分も異常に思い、三色に変わる虫を見るために奴理能美の家に行幸した。すると奴理能美は、自分が養っていた三種の虫を仁徳に献上したという。

『日本書紀』と『古事記』の該当記事には、朝鮮人が養蚕をしていたという歴史的事実が、明らかに反映されている。第一に大和の王である仁徳の妻が夫婦げんかをすると、実家と思える山城の筒城の岡へ行って住むようになった。ところで、筒城というもの自体が朝鮮式山城を指すものであった。

筒城の南方に宮室を建てて住んだということは、高句麗をはじめとする三国時代の山城と宮室との関係を反映した山城築造方法である。

第二に筒城の主人は、韓人(からひと)、すなわち朝鮮人であり、彼の名前は奴理能美であるが、『新撰姓氏録』には、彼を百済から渡ってきた朝鮮移住民集団の頭(かしら)であると明記されている。

第三に朝鮮人であり、朝鮮式山城の主人公である奴理能美が、養う虫が初めは幼虫であったが、次に繭を作り、さらに次には飛び行く神奇［不思議］な虫であったということである。これは、蚕を指すものであるが、まさに上記の記録などは、蚕の飼養の歴史的事実が朝鮮移住民集団によってもたらされたことを、伝えているものである。

奴理能美が、蚕を仁徳の妻に与えると、彼女はたいへん嬉しがったという。

ところで、ここでそのまま素通りすることができない内容がある。それは蚕の繭の形態である。『古事記』の記録には、蚕が初めは「さなぎ」であったが、次には「鼓」になったという。「鼓」は、日本語

で「ツヅミ」というが、それはわれわれが俗にいう「太鼓」ではない。日本においては古代・中世につづいて今日に至るまで左右のそばに太鼓面がついているものを「ツヅミ」と呼称している。それは事実上、三国期の長鼓が日本へ伝えられたものであった。集安五灰墳の5号墳玄室の天井三角持送り第二段の壁画に、龍に乗った神仙が首にかけた鼓を打つ姿が描かれているが、まさにそのような形の朝鮮の太鼓（長鼓）が日本の「ツヅミ」である。したがって、ここで朝鮮の奴理能美が、山城の地において養ったという蚕と、蚕の繭も朝鮮のかいこであり、かいこのまゆであったと断定できる。何故ならば、朝鮮の山かいこと、そこで順化させた朝鮮の土着種三眠蚕の繭の形態が、まさに太鼓（長鼓）形であるからである。

　以上の検討によって、日本の家かいこの系譜の淵源が、どこであるのかが明確になったと思われる。日本の学者も、日本自体で養蚕技術が発達したとは、言わないらしい。

　日本の蚕の系譜が、朝鮮につづくということをより鮮明に、そして明確にしてくれるのが、細胞染色体数である。日本の野生山かいこ（クワコ）の染色体数（ｎ）は27個である。ここで、今一度朝鮮の山かいこの染色体数を想起しよう。朝鮮の山かいこの細胞の染色体数（2ｎ）は54個であり、生殖細胞（ｎ）は27個である。このようにしてみれば、日本の野生かいこ（クワコ）が、どこから来て、誰によって伝来されたかということが明らかにされたと考えられる。これは『日本書紀』・『古事記』などと、その他の古文献の記録と完全に付合する歴史的事実である[5]。

　今までに検討してきたように日本の蚕と養蚕は、朝鮮から伝来されたものである。以前には日本列島に存在しなかった養蚕と桑の栽培の技術が、朝鮮人によって普及され、糸繰ぎと絹織りの技術なども日本列島へ伝播されるようになった。

　絹を織る織機を日本語では「ハタオリ」という。この言葉ひとつ

をとってみても朝鮮人が、古代日本文明に及ぼした巨大な肯定的影響を一目瞭然に窺うことができるであろう。

それゆえに今後、中国の養蚕と絹織りが、東方の朝鮮と日本に伝播したとみながら、桑かいこの種を中国種・日本種・ヨーロッパ種と分けるべきではなく、大きく朝鮮種・中国種・ヨーロッパ種に、それを細分化すれば朝鮮種と日本種・中国種・ヨーロッパ種・熱帯種の五種類に分類するのが妥当であると思われる[6]。

以上、簡単に日本の養蚕と絹生産の起源について垣間見てきた。与えられた歴史的資料は、日本の発達した絹生産が朝鮮人によって伝来されたものであり、日本はその文化的な恵沢を大きく被ったものである。

注
(1) 『日本通史』一、岩波書店、1993年、105～106頁。
(2) 『朝日新聞』1989年7月18日付。『毎日新聞』1991年10月8日付。
(3) 『科学朝日』50巻1号、1990年、74～77頁。
(4) 曺喜勝『日本における朝鮮小国の形成と発達』科学百科事典出版社、1990年、132～133頁。
(5) 「クワコから見たかいこの養蚕業の起源に関する一考察」『クワコとかいこ』九州大学農学部、1998年参照。
(6) 『桂応祥選集』三、農業出版社、1970年、1～10頁。

(2) 朝鮮絹織りの盛行とシルクロード

朝鮮のかいこの日本列島への普及とともに絹織りも広く普及された。

『古事記』と『日本書紀』によれば、朝鮮から日本へ派遣された裁縫工たちの集団は、相当な数に達した。代表例に筑紫(北九州－福岡県)の宗像の兄媛・大阪の武庫には弟媛・呉織・穴織などを挙げることができる。6～7世紀の大和政権の首都があった奈良の飛鳥と、

その周辺には漢織(あやはとり)・呉織(くれはとり)がいた。

7世紀まで日本列島には、日本の独自な絹織りが存在しなかった。日本においては「やまとにしき（大和錦・倭錦）」・「からにしき（韓錦・加羅錦）」・「こまにしき（高麗錦）」の三種が存在していたが、これらはともに朝鮮系統の絹織り手法であり、絹であった。「やまとにしき」というのは、朝鮮の絹織物織工の移住民集団が創造した絹織りを古代期の政権が位置を占めていた地名（やまと）をとってつけた名称である。

したがって、源流を突きつめると、朝鮮の絹織りに出会うのである。「からにしき」は言葉通り朝鮮、特に南部地域の人々が織っていた方式を継承した絹織りであった。「こまにしき」も高麗（こま－高句麗）の名称がついているところからすぐわかるように高句麗系統の絹織り方法であった。当時、絹織物生産地として伊勢（三重県）・三輪（大和盆地の東部）・筑紫（福岡一帯）・吉備（岡山県）・石川（大阪府一帯）・葛城（大和盆地の西部）などがもっとも有名であった。このような絹織物生産地などにおいては、朝鮮式のチマ・チョゴリとバジが主として生産されていた。

人物型陶器である「埴輪(はにわ)」などでみられるように男女の区別なくチョゴリは、今日のように左そばに開閉する衣服で、左そばに開いて着用する衣服であり、胸の前後を合わせるようになっている。それは高句麗の壁画において見ることのできる朝鮮のチョゴリそのものであり、バジもやはり単袴のように広くふくらみ、足首の部位が狭くなったものである。1972年の春に発見された、奈良県の高松塚古墳壁画の女子などの服装に見ることができる。また、『万葉集』をはじめとする古文献にも「からきぬ」－朝鮮衣服の話が、再々出てくる。

日本における高級絹は、社会的地位が高い支配者階級が、権力と富の象徴として着用している。ところで、絹も織る方法によって

種々あったが、大きくは経錦と緯錦、そして綴錦などの種類に区分された。

経錦は、緯糸(ぬき)で紋様を入れる技法として2・3重の緯糸を一目杼の目に通過させ、そこに紋様緯糸または地肌の緯糸になるふた筋の糸を縒って織りながら紋様を形成する手法である。したがって経糸(たて)は、縦に織られ、紋様は必要に応じて色彩を絹の表面に引き上げるようになる。この時、他のふた筋を後方に巻きながら紋様を織るようになる。

緯錦は、緯糸(ぬき)で紋様を織り出す手法であって、経錦よりもっと古い紋様入れ技法である。単純な経糸に染められたいくつかの緯糸を使用しながら、自分で望むところに色彩を施すように経糸を操るようになっている。この方法は、経錦よりも、時期的にもっと早いものと推測されている。既述した「からにしき」・「こまにしき」などは、この緯錦に属する。換言すれば、「やまとにしき」は緯錦に属するものとして緯糸が特別に太く、経糸を取り巻く組織である。「こまにしき」は、太い糸を強い経糸とともに織った多彩な地肌をもった絹である。「あやにしき（漢錦）」と「からにしき」もやはり緯錦に属するものである。

7世紀頃まで日本においては、緯錦に属する「あやにしき」・「からにしき」・「こまにしき」・「やまとにしき」という朝鮮式絹織り技法が盛行していた。

それは、古代日本に絹織りを教えた人々が、朝鮮移住民集団の織工らであったからである。中国の漢代に盛行し、万里の長城以北の匈奴族をはじめ遊牧民族に輸出した経錦と、インドや東南アジアにおいて盛行していた経錦、古代エジプトなどの地において発達したという綴り錦は、基本的に日本へは伝播されなかった。

正倉院と法隆寺には、先において検討した各種の絹が、長い間にわたって保管されてきた。例えば、中国・インドなどで織ったもの

と思われる蜀紅錦と呼称される赤い色の染料の絹（法隆寺）、法隆寺の横にある中宮寺の「天寿国曼陀羅繍帳」などがそれである。

　※　天寿国曼陀羅繍帳

　　天寿国とは、天上という意味であり、「曼陀羅」というのは仏教の教理を絵でもって解説した織物である。繍帳とは、文字どおりに刺繍でもって亀甲紋・菩薩・屋形・建物・鳳凰・人物などを刺繍したものである。

　　622年に死去した聖徳太子を追慕して、太子の妻である橘大郎女（たちばなのおおいらつめ）が地肌の絵の上に宮女らを使って刺繍を施した。この繍帳は、椋部秦久麻（くらひとべのはたのくま）（新羅系統）の監督の下に、高麗加西溢（こまのかせい）（高句麗系統）・東漢末賢（やまとのあやのまけん）・漢奴加己利（あやのぬかこり）（百済系統）らの3名の朝鮮系統の画家たちが地肌の絵を描き、宮女の采女（うねめ）たちが刺繍を施した。

　法隆寺には、「四天王獅子猟文様錦」がある。この絹には、いわゆるギリシア系統の唐草紋様が刺繍されているので有名である。四天王獅子猟文絹は、ギリシア系統のササン王朝ペルシア（イラン）の影響が濃厚なもので、ホスロ2世（589〜628年）が刺繍されていると言われている。このような絹が、現在まで日本の法隆寺に千数百年間にもわたって伝えられてきたのは、奇蹟に近いと言えよう。

　この他にも正倉院には、綾・羅・綺・夾纈・蝋纈・纐纈(1)などの絹織物が残存・保管されており、それらはペルシアをはじめとする西域的色彩が濃い絹織物である。

　ところで、このような西域的色彩が濃い絹織物などが、どのようにして海を渡って日本へ伝えられたか、というのが問題となる。

　日本では、7世紀初めに派遣された使臣らが、中国に行き、帰国の際に上記の種々の絹織物を持ち帰ったものと考えられる。いうまでもなく、そのような場合もありうることであろう。しかし、それ

第 3 章　朝鮮中世期の絹とシルクロード　77

よりも高句麗を経て伝来されたと見る方が、より合理的であろうと思われる。
　7世紀に至っても高句麗は、しばしば日本へ使臣を派遣している。
　例えば、高句麗が570年から666年までの期間に23回にわたって正式に大和へ使臣を派遣した。日本において高句麗の使臣を迎える迎賓館は、山城相楽村と大阪の難波をはじめいくつかの場所にあった。このような国家的な高句麗の使臣派遣の記録は、『日本書紀』にはきわめて断片的に伝えられているだけであるが、各種の大小移住民集団は、数えあげることができないほど、数多く日本列島へ渡って行った。その中においても特に注目される事実は、高句麗－隋戦争を前後した時期の使臣往来記事である。
　618年に高句麗は、使臣を派遣して大和の飛鳥王朝に隋の煬帝が軍隊を動員して侵入してきたが、むしろわが高句麗によって大敗したということを伝えるようにした。そうしながら高句麗の使臣は、高句麗－隋戦争の具体的内容を語って、その証拠物として捕虜2名と鹵獲品と推測される太鼓と管楽器・弩・投石器具・駱駝などを贈った。
　また、高句麗の使臣は、643年2月、難波に到着した後、そこの高句麗館（迎接館）において数度にわたって来訪した大和の貴族らと会った。ここで高句麗の使臣は、淵蓋蘇文の政変についての消息を伝えながら金と銀を贈った。
　『日本書紀』には黄金と銀を下賜し、隋との戦争のときに獲った鹵獲品を与えた事実が伝えられているが、この中に当時としては、希貴な鹵獲品である各種の絹織物が含まれていた、とみても無理がないであろう。とりわけ、618年当時は高句麗が、中国の分裂状態を結束して統一的大国を建てた隋の300万の大軍を撃破した後のことであった。
　このように法隆寺と正倉院などに千数百年間も保管・伝えられて

きた絹布は、遣隋使・遣唐使として往来した使臣らによって伝来されたものではなく、日本へたびたび派遣された、また、大陸と直接に接している高句麗によって伝来されたものと見るべきであろう。

　高句麗からの日本への道は、ピョンヤン⟷朝鮮西南海岸⟷北九州⟷瀬戸内海⟷難波（大阪）⟷大和の道と、今一つは、ピョンヤン⟷北青吐浦（あるいは元山）⟷朝鮮東海⟷壱岐（島）⟷能登半島⟷大和へ往来する二つの道であった。シルクロードは、高句麗にきてから南方へ百済・新羅・伽耶の方へ延びたのがもう一つの通路であったし、また、上で見てきたように日本列島へ延びていった道があったのである。このように日本が、シルクロードの終着地になることができたのは、高句麗による積極的な交通路（海上と陸上）開拓の大きな役割があったからであった。

　注

（1）　綾は、綾織で織った絹をいう。普通は綾織りと呼ばれ、種々の紋様がある美しい絹を指す。綺（あやぎぬ）も綾と同様に紋様がある美しい絹をいう。羅は、紗、絽と同じく、薄い絹織物をいう。錦は、多くの種類の色で染めた糸（五色糸）で紋様をだした厚い絹をいう。夾纈・蠟纈・纐纈などは、絹布をいろいろな手法で染色する技法をいう。例えば、纐纈は、一名「絞染」というが、絹布の多くの所にぽつりぽつりと白い紋様を施す染色技法をいう。

3．渤海と後期新羅期のシルクロードと貿易

（1）渤海シルクロードと貿易
　渤海は、高句麗遺民たちが創建した国である。

　渤海が、高句麗遺民たちが創建した国であるということは、建国始祖王である大祚栄が自分たちを「本来、高麗（高句麗）の別種である」、「大祚栄は驍く、勇猛で、軍隊をよく使い靺鞨と高句麗の遺民たちが漸次彼に帰属した」（『旧唐書』は10世紀編纂）、また、11世紀の宋の時期に編纂された『冊府元亀』にも渤海国（震国）は「本是高麗（高句麗）である」と明記されていることからしても確認できる。

　震国とは、渤海の初期の国号であった。

　渤海は、対外的には自分を依然として高句麗と言ったし、渤海国王は自分を「高句麗国王〇〇〇」と称した。日本へ派遣された渤海使臣の国書には、渤海王が自分を「高句麗国王」と自称しており、日本国王（天皇）は答礼国書と渤海に派遣する使臣を「高句麗国王〇〇〇」・「遣高麗使」と呼んだ。そして、1966年に奈良国立文化財研究所が発掘した平城京、すなわち奈良の首都から出土した木簡（木を薄く削って紙の代用に使用した木の札）には墨で「遣高麗使」と書かれた天平宝字2年（758）10月28日の日付けがある外交官の特別昇進を記録した公文書が発見された。

　『続日本紀』（巻一〇、神亀4年条）には、「渤海国は本来高麗（高句麗）の旧地域を回復して、扶余の遺習を持った」と述べながら「その故地（高句麗の旧彊土）を回復した」国の国交樹立を祝賀すると、日本国王（聖武天皇）の正式国書が伝達された事実を記録している。

　内部紛争のために一時滅亡した高句麗は、このようにして再興した。高句麗人は、696年に強制移住させられていた中国の熱河方面である、今日の遼寧省朝陽市に該当する栄州において、契丹人の李尽

忠・孫萬営らとともに暴動を起こした。契丹人の反乱は、まもなく唐の将帥李楷固（本来契丹人）によって鎮圧されたが、高句麗軍は唐の李楷固軍を天門嶺において迎えて戦い、これを大きく撃破した。また、彼らは、高句麗の故地に入って698年に、今日の中国吉林省敦化の東牟山の麓において高句麗の継承国である渤海を建てたのである。

創建の始祖王は、高句麗の旧将である大祚栄であった。渤海国は、南は大同江と定平、金野付近で新羅と接し、東の方は海、北の方は黒水靺鞨（黒龍江下流）、西の方は契丹と各々相接するようになった。渤海の領域は、南の方では高句麗の時より少し縮まったが、北の方ではむしろもっと増大し、その住民構成も高句麗の時と基本的には同じであった。

渤海国を創建するに当たって、主動的役割を果たしたのも高句麗の人々であったし、渤海国において実権を掌握したのも高句麗人であった。したがって渤海は、政治・経済・文化のすべての分野において高句麗を継承したのは当然であった。

渤海の中央官制は、三省六部であった。

渤海は、8世紀初葉、大武芸王の時に四方へ領土を拡張して以前の高句麗領土の大部分を回復し、その後も引き続いて領土を拡張して、9世紀初頭には渤海史上、最大の領土を所有するようになった。

渤海は、南の方では新羅、西の方では契丹と接し、北の方では黒龍江、東の方では海に到る四方、5,000里の広大な領土を領有していた。

渤海は、698年から926年まで、二百数十年間も外国人から「海東盛国」と呼ばれるほどの国家として隆盛発展した。

渤海は、7世紀から10世紀初頭まで、東北アジアにおいて主動的役割を果たした。とりわけ、発達した文化と東西文化交流において渤海が果たした役割は、たいへん重要であった。

渤海では、農業と水産業・鉱物生産などが発達した。稲と粟・麦・黍などの作物が豊富であったし、草原地帯においては牧畜業が、山林地帯においては狩猟による獣皮と薬材が、沿海一帯においては水産物が生産された。そして金・銀工芸品と優秀な陶磁器・人参と蜜などの薬材が隣国である唐と突厥・契丹・新羅・日本などの地に輸出された。このような直接的貿易とともに、唐と渤海の貿易通商が発達した。同時に渤海と日本との貿易通商も発達した。
　一方、渤海は、唐と日本間の仲継者の役割も遂行した。唐―渤海―日本を結ぶ中継貿易の交通路は、渤海が唐と日本に使臣を派遣して往来した渤海道であった。
　渤海は、五京を中心にして国内外の交通路（通商通路を含む）を発展させた。
　渤海の五京は、次のように推測されている。
　　　上京龍泉府、黒龍江省寧安県東京城
　　　中京顕徳府、吉林省和龍県西古城
　　　東京龍原府、吉林省琿春県半拉城（あるいは清津市富居里）
　　　西京鴨緑府、吉林省集安県通溝城
　　　南京南海府、咸鏡南道北青郡下戸里
　本来、この五京は政治・経済・軍事・文化の要衝地であり、周辺の諸国に対して外交の玄関的な役割を担当して遂行した。これらの中で東京龍原府と南京南海府は、日本に往来する道であり、西京鴨緑府は唐へ行く道であり、また、南京南海府は新羅に往来する道であった。これ以外にも長嶺府は、営州（遼寧省）に往来する道で、扶余府は契丹に往来する道であった。
　だいたい、これが上京龍泉府を首都として東アジアに延びていく渤海の５大交通路であった。渤海は、外国人が「渤海人３名で虎を堪当する」というほどに勇敢無双な兵士らを持っていたし、強大な武力で裏づけされている強大国であった。

渤海は、高句麗がそうであったように遠く中央アジアの方へも外交と交易使節を派遣して国際社会の動きをいち早く探り出し、また、支配貴族らの奢侈品などを交換してきた。
　ここにおいては、主として文献が少し残っている渤海と唐、渤海と日本との文化交渉路に限って考察することにする。
　渤海がもっとも重要視したのは、唐との関係であった。両国は、8世紀前半期頃まで唐の侵略野欲のために互いに警戒する関係にあった。しかし、そうする中においても705年には渤海の使臣が、初めて唐の首都・長安を訪問し、唐が渤海を公式に認定させて両国間の貿易が、行なわれるようになった。
　713年、長安に到着した渤海王子は、そこの市場を通じて貿易を行ない、その後、絶え間ない接触と貿易が行なわれた。
　唐との通商路としては、遼西地方の営州を経た陸路を利用したが、それよりも海路をもっと多く利用した。渤海の使臣らは、鴨緑江河口から出発して朝鮮西海を渡って山東半島の登州に到着した。そこから長安へ往来した。当時、登州には、往来する渤海の使臣が宿泊、または貿易を行なう「渤海館」までも設置されていた。
　唐が滅亡した後、渤海は中国大陸の5大諸国の内の後梁と後唐とも貿易を行なった。渤海は、唐と使臣の往来を通じた貿易を計132回、後梁・後唐との貿易も計11回行なった。では、渤海は、どのような品物を唐に輸出したのであろうか。
　渤海の代表的な輸出品は、馬・羊・虎の皮・海豹の皮・熊の皮・貂皮などの高級毛皮などであり、人参と鹿、茸などの薬材もあった。この他にも龍船紬と呼ばれる絹布をはじめとする各種の布、そして陶磁器をはじめ手工芸製品などもたくさんあった。文魚のような水産物などと、柵城の味噌も名高い輸出品であった。渤海の陶磁器は、厚さが薄く軽いながらも堅固で、唐の人々から高い評価を受けた。
　831年に唐へ輸出された紫色の紫瓷盆は、半斛も入れることができ

るという品物であったが、厚さが寸余だけであり、鳥の毛のように軽いという評価を受けた[1]。

渤海が唐から輸入交易した品物は、絹である帛（白い綾糸で織った絹）・繒・縑布、そして多色糸で織った錦・綵［綾絹］・絹綿（蚕繭の綿）などであった。

渤海は、唐だけでなく海を渡って日本とも貿易を活発に行なった。渤海が、200年間に日本へ派遣した使節団は、34回であった。

渤海使節に対しての答礼として、日本が渤海に派遣した使臣は、15回ほどであった。両国の使節の往来は、計49回であった。その他にも使節でない往来も3度ぐらいあったので、渤海と日本の往来は、公式的な国家の記録だけでも50回をこえる。

渤海使臣が往来しながら貿易を行なった道は、高句麗人が開拓した道であった。

727年10月14日当時、日本の北辺である出羽国（秋田県一帯）に8名の渤海使臣が漂流し、上陸した。彼らは、渤海の第2代武芸王が派遣した、寧遠将軍高仁義が率いた24名の使節団であった。武芸王（715～737年）とは、文字どおりに武芸に有能であり、渤海の領土を武力で拡張した人物である。

渤海の使臣は、東海を出発した後、風浪と海流に押し流されて北方のアイヌ族の地に上陸した後、大使の高仁義以下16名の内、半数がアイヌ族によって殺され、辛うじて生き残った8名だけが、高斉徳に引き連れられて日本の辺境に上陸した。

当時、日本列島の北部地帯は、アイヌ族の世界であった。

これが渤海と日本との最初の使臣往来であると同時に、渤海－日本間の文化接触の嚆矢であった。728年1月17日に日本国王に会った高斉徳は、国書とともに貂皮300張を伝えた。貂皮は、絶大な人気を得た。この珍奇な品物は、日本の貴族らを驚喜させるのに充分であった。

渤海貂の加工品は、以前から世界的に名高い希貴品であった。その中においても黒い貂の毛皮は、非常に希貴な高級商品としてヨーロッパでは、昔から「走る黒い宝石」と語られてきたものである。アジアにおいては「崑崙の珠玉よりももっと希貴な宝物」と言われてきたほど、価値がたいへん高いものであった。だから日本の貴族たちが、300張に達する貂を見て讃嘆を惜しまなかったのは当然である。

第4回（758年＝天平宝字2年）の渤海使臣揚承慶が日本へ行ったとき、当時の権勢家藤原仲麻呂は、渤海の使臣を自分の家に招請して宴会を催した。国王は、宮中内の女楽らとともに絹の綿1万トンを贈物として与えた。この時、渤海の使臣は52日間、日本の首都に滞留する間、毎日のように開かれた王宮行事に参加して親切を極めた歓待を受けた。

その実、渤海の使臣が一度行けば、それで日本の首都には大きな市場が開かれるほどであったので、船に積載していった品物は、膨大な数量に達したことであろうと思われる。

日本の奈良時代の貴族たちは、渤海の使臣を通じて朝鮮と大陸の文明を、このように摂取した。

渤海―日本との関係は、善隣外交という政治的関係が基本であったが、その裏面においては、国家の貿易が重要な地位を占めていた。渤海は、諸記録の堙滅のために仔細ではないが、日本側の記録に表われたものだけでも、渤海の国王が、日本の国王に与えた品物として、虎の皮・熊の皮・豹の皮・貂の皮を各々6～7張、人参30斤・蜜3斛（一斛は19.4ℓ）・麝香獐・絹布などがあったことを記録している。

渤海の使臣が、舟に載せて行く品物は、両国の国王間において交換する品物以外にも、より多くあった。すなわち、まず日本の官吏たちが国家政府用としての品物を買い占めた後、その他の残った品

物でもって市場を開いた。この市場を通じて王族と貴族、また、首都の商人が品物を買っていった。

　その他にも使臣たちと面識がある場合に限って、貴族相互間で私貿易が行なわれた。ここにおいても優秀な品物が交易された。このような私貿易を禁止する禁止令が、記録にたびたびみえる。私貿易が終わった後は、一般の市場において庶民らを対象とした渤海の品物が売買された。

　渤海の使臣をこのような側面から見れば、貿易船・貿易使節の性格を帯びていたと言えよう。823年、21回目の渤海の使臣高貞泰が到着した時、日本のある官僚が「渤海のお客らは、実は商人の群れであって隣国の客とは言えない。あの商人をお客のように取り扱うのは、国の損害である」と公言して、首都への入城を固く反対したことが、正史の記録に反映されている。823年を契機にして日本政府は、従来の制限のない貿易を12年目に一度だけ制限する措置をとった。

　渤海―日本間の貿易を総括してみれば、渤海が獣皮を売れば、日本がその答礼として絹を与えたという事実である。渤海は、寒冷地に位置していたので蚕繭の糸は、大量に生産することが困難であった。それで絹と、その加工品である錦と綾に対する需要が高かった。

　渤海の使臣は、日本の貴族たちの要求に応じて諸々の皮を売り、その代わりに絹綿と絹糸を買って帰ったものと思われる。貿易品の中に絹と綿、半製品である絹の糸があるのは、渤海においても各種の絹織りが発達していたからであろう。

　渤海が、高句麗人をはじめ朝鮮移住民から養蚕と絹織りを学んだ、日本から絹綿と絹糸を逆輸入したのは、何故だったのだろうか。それは渤海においては、絹布と絹糸に対する需要は高いが、国土が位置した自然気候の条件で桑の栽培と養蚕が、需要に追いついていけなくなったからである。

　渤海の使臣が、持っていった毛皮に対する代償は、絹の原料以外

にも砂金・水銀・金漆・水晶念珠・椿油（食用と髪用に使用）・檳榔樹の葉で作った扇、そしてその他のいろいろな雑貨で支払いが行なわれた。

　日本の貴族たちがどれほど、渤海人が持参した諸種の皮を求めようとしたか、ということは、次のような逸話を見てもよくわかる。

　919年12月17日、34回目の渤海使臣裴璆は、105名の一行をつれて敦賀に到着した。ところで、この使臣は5月12日、豊楽殿において宴会があった時、貂衣を着用して参加した。すると日本の重明親王は、黒い貂皮8張を幾重にも重ね着して参加したので、渤海使臣裴璆をびっくり仰天させたという。重明親王とは、醍醐天皇の子で、日本の歴史では有名な王子であった。

　5月12日は、今日の陽暦で言えば、6月7日であり、日本においてはきわめて湿気が多く、うっとうしい梅雨期である。このような時に、皮の着物を着用して出てくるということ自体が鬱陶しいことである。なおさら8張（枚）の貂皮の衣服を重ねて着用したというのだから、実に日本貴族の非常なる虚栄心とプライドを知ることのできる逸話である。

　当時、日本は高価で、手に入れることがたいへん困難な貂の皮の衣服を日常時には着用することを禁止していたが、これが解除された直後のことであった。このことをみれば、渤海の使節が持っていった貂の皮の衣服を日本の貴族が、富貴の象徴とみなしていたことを察知することができる。

　当時、日本の貴族相互間において渤海の使臣が持ってくる毛皮の衣服が、一つの最新流行服のように流行していたということは、この他の資料にも多く反映されている。例えば、『源氏物語』にも黒貂の皮を「布流語」と呼びながら珍貴なものと見なし貴重に保管していたという話が出てくる。

　このように日本の政府においては、渤海使臣の滞留時期を除いて、

毛皮の衣服を着用することを禁止する禁令を幾度となく発表し、身分に応じて着用するように制限した。

一般庶民は、きわめて貴重な奢侈品であった貂の皮の衣服などを着用しようとする考えもなかった。日本の貴族と官吏が、渤海の使臣から諸種の皮の衣服を求めるために騒々しく立ち回った光景を彷彿させる記録が、正史に反映されている。

例えば、首都に入ってくることを許されなかった渤海の使臣に対しては、補佐官を渤海使臣の船の停泊地に派遣して、現地の地方官に売買の便宜を保証して欲しいと要請した後、彼らは貂の皮の衣服を買うことにした。ところで、地方官は、彼なりにまた、中央官吏が売買折衝をするに先んじて、自分が皮の衣服を買い占めることによって、彼らは大きな利益を得るなど、渤海の皮の衣服と関連した逸話が非一非再［一度や二度ではない，数多いこと］であった。渤海使臣の日本への往来は、活発な貿易のための往来であり、高句麗を継承した渤海の文化が日本に普及される過程でもあった。国際的な貿易とともにそれは文明と文化の交流をもたらした。渤海道を通じた貿易の規模は、使臣一行の数と商業往来の頻度を見ても充分にわかる。

871年に渤海の使臣楊成規が行った時、日本の政府は首都の貴族官吏と商人に渤海使臣との交易を許可したが、この時に渤海使臣の品物を購入するために、日本が支出した官庁の金だけでも40万両にも上ったという。

渤海の使臣は数十名の比較的小規模な一行もあったが、771年8月の第7回使臣のように17隻の船に325名にもなる大規模な使臣団もあった。このような渤海の使臣は、詩と文章の交換、各種品物の交易、馬術の伝習なども行なわれた。

とりわけ、821年の第20回目に日本へ行った王文矩は、日本国王と貴族たちの前において直接に打毬（高句麗時期の撃毬であろう）とい

う馬術競技を行なったが、その妙技は日本の貴族たちに強い印象を与えたという。王文矩の驚くべき打毬術は、日本の漢詩集である『経国集』にも記載されており、とりわけ嵯峨天皇の詩は有名である。

※　渤海の使臣が日本へ行った時の随員数は、数十名から数百名にものぼったが、もっとも多かったのは15回目の使臣であった壱萬福が率いた17隻の船に325名、第18回目の史都蒙が率いた187名、第22回目の高洋弼が率いた9隻の船に359名である。百名をこえる使臣一行としては、高貞泰（37回）・王文矩（39・41回）・賀福延（40回）・烏孝慎（42回）・李居正（43回）・楊成規（44回）・揚中遠（46回）・裴廷（47と49回）・裴璆（50と51回）などがある。異例的で、また、使臣と見ることはでき難いが、746年には1,100名の渤海人と鉄利人が日本列島に到着したという記録（『続日本紀』天平18年）もある。

このように「渤海道」は、海上へ伸びていった「貿易道」であり、渤海と日本の間を連結する重要な政治・経済・文化交流の通路であったばかりでなく、発達した文化が渤海から日本へ流入する文化交通路でもあった。

34余回にもなる渤海の使臣が、どの港から出発したかということが学界の重要な研究対象になっている。

渤海の使臣史都蒙は、187名の一行を率いて日本に到着（776年2月）した。史都蒙は、自分が南海府吐号浦から出発したことを明らかにした。ここでいう所の南海府とは、南京南海府を念頭においたものである。したがって南京南海府がどこであり、吐号浦がどこであるかということが重要な問題として提起される。

では、吐号浦はどこであろうか。吐号浦は、今日の咸鏡南道北青郡新昌港一帯であろう。ここには、高句麗遺跡の上に渤海の遺跡が重複して存在しており、当時の遺物も多く出土した。下戸利におい

て出土した渤海の土城は、南京南海府の土城であると推測されている。したがって新昌の西南方一帯を吐号浦と見ても無理はないと思える。また、海流の関係上、新昌が朝鮮東海を経て日本列島へ渡っていくのにもっとも適切な所と思われる。

　日本に向かった渤海の使臣は、また、チョンジン市の富居里一帯の港も多く利用した。最近、社会科学院においては、チョンジン市富居里一帯についての事前調査を行なう過程で、ここが東京龍原府であったろうという有力な証拠を得るようになった。東京龍原府は、10年間の一時期、渤海の大きな都市が位置していた所であった。

　富居里一帯には、渤海時代の大きな古墳群が存在しており、また、烽燧体系もあり、会寧への道が通じて交通の要衝地でもあった。また、富居里古墳群から約10里（4km程度）余りの距離をへだてて東南にチョンジン市清岩区域龍渚港があり、その南方に連津港がある。龍渚港には、古代の浦口［入江の口］があったと推測される。過去においてここには、富居までの長い渡し場があった。『新唐書』渤海伝に「東京（龍原府）は、東南の海岸から日本へ続いている」（東京東南頻海日本道）と言ったのは、これを充分に証明してくれる。そして、この龍渚港と連津港などは、寒い冬にも凍らない港、すなわち不凍港である。

　最近、富居里において調査された一地区の古墳からは、王陵級の古墳を中心として陪塚が14基も囲んでいたが、中心の古墳からは金の耳飾りなど、豪華燦爛な副葬品が出土した。言い換えれば富居里は、閑寂な漁港ではなく、昔から大きな政治勢力が拠っていた所であった。

　　※　渤海の使臣が、東海沿岸の日本列島に到着した状況は、次のような所であった。
　　出羽（秋田県）7回・佐渡島（新潟県）1回・能都（石川県）3

回・加賀（石川県）5回・越前（福井県）2回・若狭（福井県）1回・丹後（京都府）1回・但馬（兵庫県）1回・伯耆（鳥取県）2回・壱岐（島根県）4回・出雲（島根県）3回・長門（山口県）1回・対馬（長崎県）1回などである。

注
(1) 『古今図書集成』二一二冊巻四一、渤海部杜陽雑編。

(2) 新羅の貿易とシルクロード
①新羅と唐との貿易
　新羅は、紀元前1世紀に斯盧国という封建小国として呱々の声［産声(うぶごえ)］を上げた後、今日の慶州を中心として次第に発展した。4～5世紀に至って新羅は、高句麗の強力な政治・経済・文化・軍事的影響を受けて急速に発展することができた。

　国力が次第に強化されるにつれて7世紀中葉に至って新羅の封建統治者は、自己の領土欲を満たすために外来侵略勢力を引き入れる背族的な政策を使い始めた。

　新羅の統治者は、初めから三国を統一しようとする志向は持っていなかった。新羅の統治者は、自己の武力だけで三国を統一することが不可能であると考えられたので、彼らは金春秋（後の太宗武烈王）を648年に唐へ派遣した。そして唐と連合［外勢を引入］して百済と高句麗を滅亡させ、泪江（大同江）を界線とし、その以南を新羅が占め、それ以北は唐が占めるという秘密協定を結ぶようになった。

　新羅の統治者が、外勢を引き入れて民族内部の問題を解決しようとしたのは、たいへん愚かな考えであった。その上に国土の大部分を外来侵略勢力に分け与えようとしたことは、千秋［千万年］が過ぎても洗い流すことのできない反民族的犯罪行為であった。

　高句麗・百済の滅亡後、新羅の統治者は、以前と異なって高句麗

の人々による故国恢復の闘争を支持するようになった。それは、唐の統治者が浿江以南を新羅の領域にするという協約を破棄し、新羅までも自国へ隷属させようと露骨に策動したからである。

　唐の統治者は、本来新羅の地までも「安東都護府」の管轄の下に入れるという不当な要求を突きつけたばかりでなく、百済の地にも引き続いて自国の軍隊を駐留させていた。このような状況であったので、高句麗・百済の遺民たちはいうまでもなく、新羅においても当面、外来侵略勢力を追い出すことが急務の課題として浮上してきたのである。このようにして反唐・反侵略闘争は、三国人民の共同の課題となったのである。

　新羅統治者は、人民のこのような闘争気勢に便乗して、自己の本来の目的を達成しようとしながら、高句麗と百済人民の力を利用しようとした。このようにして唐の侵略軍を追い出すための闘争が、くり広げられるようになった。

　676年に新羅は、唐の侵略軍を追い出した直後から、935年2月に高麗によって統合されるまでの約250年間、大同江以南の地域を占めていた。これを歴史においては、「後期新羅」という。

　唐は、朝鮮半島だけでなく渤海の成立によって高句麗の旧地からも追い出された。

　結局、唐は渤海と後期新羅の存在を認め、国交を持たざるを得なかった。713年に唐は、渤海の初代国王である大祚栄に「左驍衛員外大将軍・渤海郡王忽汗州都督」という爵位を贈ることによって渤海の国王と王権を認めざるをえなくなり、やがて両国は国交を樹立することになった。

　唐は、渤海と後期新羅を認めながら外交的には、渤海を第一に、後期新羅を渤海と同格、またはその次の位置で取り扱った。

　753年、唐において正月元旦の儀式があった時のことであった。この時に諸外国使臣が参席したが、日本使臣の順序は「日本が西側の

班列で土蕃（チベット）の次の順序である第二の位を占めたのに反して、新羅は東側の班列の第一の位を占めて大食国（タジーサラセン国家）の上位に座るよう」になった。

　839年、唐のある儀式においても多くの国の中で南詔国（雲南）と渤海・新羅が第一の位に、日本は南詔国の次の位に座るようになったという。

　このように唐は、諸外国を接待するに際して、渤海を第一に、新羅を次に、そして日本をその次とする順序を定めていた。

　渤海→新羅→日本の順序は、国際的に公認された国家間の位置順序であったのである。日本人は、自分が渤海、あるいは新羅より上位を占めようとして、むやみやたらなことを行なったが、国際的に公認された国家間の地位の順序を変更することができなかったことについて、円仁が叙述した『入唐求法巡礼行記』をはじめ、多くの歴史資料にいきいきと反映されている。新羅は、海上を通じて唐との貿易を活発に行なった。新羅は、5〜6世紀頃まで高句麗・百済を通じて西域文物を輸入してきたが、高句麗を背信的に攻撃した後からは、唐と海上貿易を行なった。

　これに先んじて新羅人は、同族の国である渤海とも使臣の往来、および貿易の取り引きを行なった。多くの記録に南京南海府を「新羅道」といっているのを見れば、東海岸を経て渤海人が新羅にもしばしば往来したようである。『三国史記』によれば新羅人は、渤海を「北国」[1]と呼びながら使臣を交換し、いろいろな品物などを交易した。

　新羅が、唐を対象として行なった海上貿易の中心地は、穴口鎮（江華島）・塘項浦（南陽湾）などであった。

　新羅の商船は、塘項浦から出発して沿岸にそって北上し、風川の草島（今の果実郡）の対岸に寄港してから、西海を横切り、唐の登州文登県に上陸して首都長安へ行った。それゆえに塘項浦には、新羅

期に使臣と商人たちが滞留し、そして出発した古城には唐城の城壁と城内の建物址が残存している。当時、舟に乗る渡船場は、今も汀線と呼ばれている。

　また、昔の豊川の広石山の下にも唐の使臣が海を渡って往来した道と、唐の使臣を接待していた建物などの址と、城址が残っているという。一般の場合には、全羅南霊岩を出発して上海方面に至り、その後陸路と揚子江（長江）を通って、中国の内陸地方へ行ったりもした。

　新羅の商人は、唐の商業中心地に居住しながら商業活動を活発に行なった。山東半島から揚子江へ至る海岸の多くの所に新羅商人の居留地である「新羅坊」などができていた。すなわち、新羅坊は山東半島以南、揚子江以北の沿岸地域である。錦州（江蘇省）・楚州（江蘇省）・四州連水郷（江蘇省会陽）・溟州（浙江省）・揚州（江蘇省）・登州（山東）などの地に分布していた。

　839年に山東半島登州の文登県には、渤海と新羅の使臣と商人が滞留しながら、貿易活動をしていた渤海館と新羅館があり、そこには新羅の船と渤海の船が数多く停泊していた[2]。

　新羅坊には、新羅所という行政機構が設置され勾当・総管と呼ばれる新羅人によって管理されていた。各々の新羅坊に居留しながら貿易に従事する新羅商人は、最小限200〜300名以上にも達していた[3]。

　新羅人が、海外貿易に進出する過程で、張保皐のような強力な政治勢力が台頭するまでになった。張保皐は、新羅坊で貿易活動をしていた人であったが、武芸にも勝れて唐の武寧軍小将にまでなった。しかし、唐の海賊が人々を拉致し奴隷として売買することに対して、民族的義憤を感じた彼は、本国へ帰って莞島に青海鎮を設置することを本国政府に提起した。828年に青海鎮が設置された後には、青海鎮大使に任じられ、ここに数百隻の軍艦と商船、また、1万名以上の軍隊を編成して駐屯しながら、唐の海賊の蠢動を徹底的に制圧し

た。このようにして827～835年以後においては、海賊の掠奪蛮行が終息するようになった。

　当時、青海鎮は、西海の制海権を完全に掌握した水軍の基地であったばかりでなく、唐と日本との貿易を中継する貿易の基地でもあった。

　対外貿易を通じて莫大な財富を蓄積した張保皐は、中国の文登県清寧郡赤山村に法華院という寺を創建した。法華院は、毎年500石を収穫できる土地（荘園）までも所有していた。この寺においては、毎年夏と冬に仏経講義を行なった。その時になると、200～250余名の新羅人が集まった。寺には約30名ほどの新羅僧が常駐していたという。

　莫大な利潤によって富を蓄積して大きな政治勢力になった張保皐は、強い経済力に依拠して中央政界にまで進出した。張保皐は、東方の海上貿易をほとんど独占して唐や日本などと海上貿易を活発に行なった。

　一方、日本の商人・僧侶・使臣らが多くの場合、張保皐の商船を利用して唐へ往来した。

　※　日本の商人と僧侶・学者たちが、新羅の商船を広汎に利用したのは事実であるが、それは、ただ新羅の商船に限ったことではなかった。
　彼らが、渤海使臣の船も多く利用したことは、周知の事実である。759年3月23日に日本を出発して渤海へ向かった日本の使臣は、渤海の地を経て唐の首都長安に到着し、761年9月19日、蘇州で舟に乗って帰国した。また、唐に留まっている使臣が渤海を経由して日本へ手紙を持って行ったりした。819年12月4日（陽暦）に日本へ行った第19回目の渤海使臣李承英は、820年の夏に帰国するに先立って、日本側の要請で前年に新羅の船で、日本へ行った唐の越州の人周光翰・言升則らを乗せて航行した。これは渤海―日本間の海上交通路

を唐の人々も利用したことを物語っている。

　また、821年12月14日（陽暦）に日本へ到着した第20回目の渤海使臣王文矩は出発に先立って、嵯峨天皇が唐の五台山において学問を学んでいる日本の留学僧霊仙に送る手紙と医薬品・砂金を委託された。その後、826年1月28日、第22回の使臣として日本へ行った高承祖は、学問僧霊仙の委託を受けた経典・舎利などを伝えた。これに対して嵯峨天皇の後を継いだ淳和天皇は、渤海の僧鄭祖辺に再び霊仙に黄金100両を渡してくれるように委託した。それは多分、今日の言葉で言えば学費に該当するものであったようである。

　このように渤海道で往来する使臣の船は、渤海人と日本人だけが利用したばかりでなく、唐の人々も人事交流・文化交流の重要な橋の役割をはたしたのであった。

　唐の商船が山東半島、あるいは長江下流の方から朝鮮の西海を渡って全羅南道の莞島を経て日本へ航行したということは、新安海底船発掘を通じて広く知られている。

　山東半島（あるいは長江下流）←→朝鮮西海←→日本九州太宰府の路程は、今一つの海上交通路であり、海のシルクロードであった。また、この道は、日本から唐へ行く路程でもあったし、日本と大陸を結ぶ中間拠点として東西文化交流と交易の重要な役割を果たす新シルクロードでもあった。

　では、新羅と唐は、どのような品物を互いに交易したのであろうか。

　新羅は、唐に果下馬と呼ぶ朝鮮古来の在来種の馬と、牛黄・人参・朝霞紬と魚牙紬と呼ぶ三眠蚕の糸で織った朝鮮特産の絹布・鏤鷹鈴・海豹皮・金と銀・犬などを輸出した。唐からは、主として各種の絹を交流したが、彩色の絹・紋様のある絹・五色絹布などと螺鈿器物などを輸入した。

『三国史記』(巻三三、志第2、色服条)に出ている「瑟瑟」〔碧色〕は、今日でいう「サファイヤ：saphire」であって、古代と中世においては金と珠玉よりも、もっと重視する珍品であった。特に、それは中央アジア（西域）において産出する特産品であって非常に貴重な宝物として知られていた。

昔の文献に「崑崙の珠玉」といって珍しがられた珠玉の宝物が、まさに「瑟瑟」であった。後期新羅の時に「瑟瑟」の話が出てくるのをみれば、新羅の人々が、以前には「瑟瑟」を高句麗を経て買い入れてきたのが明白である。また、後期新羅期には渤海を経て、または唐を経て、これらの品物が入ってきたものと考えられる。

『三国史記』（色服条）には、象牙の話が掲載されているが、これもやはりインドの方から出てきた品物なので、この時期にシルクロードを経て新羅に入ってきたものと思われる。

注
(1) 『三国史記』巻一〇、新羅本紀元聖王6年条、憲徳王4年条。
(2) 円仁著『入唐求法巡礼行記』東洋文庫、平凡社、1992年版、一・二巻。
　　田村完誓訳『円仁唐代中国への旅：《入唐求法巡礼行記》の研究』講談社学術文庫、1999年。
(3) 同　上。

②新羅－日本との貿易、「正倉院」の宝物
新羅－日本との貿易も高い水準で行なわれた。けれども、初期においては日本の支配者は新羅を敵対視し、警戒する姿勢であったので、初期の貿易関係は正常化されなかった。

7～8世紀の日本においては、自分が高句麗と百済・伽耶人の後裔であると、公然という人が多かった。けれども、その後日本は、698年に使臣を新羅へ派遣して貿易関係を結んだ後、つづいて703年

には204名で構成された大使節団を派遣して、正常な貿易を行なうようになった。ところで、間もなく日本は、国家権力が強化されるにつれて、新羅へ侵入しようとする態勢を取った。

731年、日本は、300余隻の兵船を動員して新羅へ侵入した。けれども、その時、日本は新羅の兵士の勇敢な反撃にあって、殲滅的打撃を受け撃退された。このように、日本は一時、新羅との関係で強固な姿勢を取ることもあったが、新羅の国力が日増しに強化するにつれて、貿易の取引きを発展させようと模索するようになった。

張保皐が活動した9世紀に至り、日本国王は804年に黄金300両を新羅へ贈って和親の締結を提起し、同時に貿易の取引きを行なうことを要請した。そして、882年にも金300両と珠玉10個を贈ってきた。

840年に青海鎮大使張保皐は、日本の九州大宰府に使臣を派遣して貿易関係を結ぶことを提案した。

このようにして新羅の商人による貿易取引は、活気を取り戻すことになり、以後、新羅－日本間の貿易は活発に行なわれるようになった。

新羅（後期新羅）が、日本へ輸出した品物は、奈良県にある「正倉院」の宝物を通じて、その一端を窺い知ることができる。「正倉院」というのは、本来、人民から取り収めた穀物とか、官庁の文件、そして貴重品などを保管する正倉を設置した区画を指してきた。けれども、今日は奈良県にある東大寺大仏殿の北西方にあって、東大寺に属する倉庫を指す代名詞になってしまった。

東大寺宝物殿としての「正倉院」は、8世紀中葉頃に建造された高句麗式の倉庫で、南北の長さ33m・幅9m程度の倉庫である。南倉・中倉・北倉の3倉に分けられている。

「正倉院」は、華厳宗系統の寺院である東大寺（745年建立）の付属建物で、約1,200余点に達する宝物がある。宝物は、10余種に区分される。それは、次のようである。

①武器－刀・槍・弓と矢・鞍・兜・鎧

②文房具－筆・墨・紙・硯

③楽器－琴・琵琶・笛・新羅琴

④仮面と舞台服

⑤遊戯道具－碁・投壺・双六

⑥服式－僧の衣服・礼服・冠・帯・靴履

⑦家具類－仏像函・屏風・鏡・函・机

⑧食器－祭祀用器物

⑨各種の医薬品と顔料

⑩仏教道具－香炉・如意珠

⑪荘厳道具－天蓋・旗など寺院装飾に使用した品物

⑫年中行事に使用された道具

⑬絵・書籍・文書類

「正倉院」の宝物の中には、絵画と彫刻品は少ないが、奈良時代（8世紀の約100年間）の当時、一級の工芸品から日用雑貨に至るまで、いろいろな品物がある。

宝物は、材料と技法上、多彩なことが特徴である。材料は、金属と珠玉・石・獣の骨・皮・羽の毛・貝殻・真珠などがある。

植物としては、各種の樹木と竹・紙・亜麻・葛などがあり、その他に象牙・牛角・羊皮・紫檀（豆科の交木、木の質が固く、美しい光沢を出す希貴な木材）・毒冒（熱帯の海に棲む海亀の一つ、その背皮は黒い点を押し入れた半透明の黄色で珍貴な装飾品に使用される）など、アジア大陸の全地域の土産物などが収まっている。

工芸品の原料としては、金・鉄・木竹・牙角・陶磁・ガラスなど、非常に多種多様であり、このような工芸品の原料を螺鈿手法とモザイク手法・象嵌技法・水晶挿入法・注油技法・毒冒挿入技法などで加工した。このような優秀な手工芸品が、いろいろな絹の工芸品と

ともに正倉院に集納されている。

　これらの品物の中には、唐の品物と中近東・古代ギリシア・ローマの品物など、「シルクロード」を経て伝来されたものが少なくなく、朝鮮の品物も非常に多い。

　「正倉院」の少なくない西域文物が、新羅を経て日本へ渡って行ったことが、最近明らかになった。それを証明してくれる資料が、「新羅から買い入れた品物の明細」（買新羅物解）という古文書である。

　この文書は、752年6月に新羅の使臣が日本へ行った時、ある貴族が購入する予定であった新羅の品物の種類と、その価格を書いて当時の政庁（官庁）に報告した文書である。その後、この文書は内蔵寮（手工業官庁の一つ）で塵紙（ちりがみ）として処理され、そこで製作された「鳥の毛で作った女人の立像と屏風」（鳥毛立女屏風）の下紙に使用され、今日に伝えられるようになった。

　文書に書かれてある、新羅に申請した品物の品目は、二つの部類であった。一つは、新羅によって斡旋専売された唐などの品物であり、他の一つは新羅の特産品であった。

　文書には、諸種の香料・人参などの薬品・黄銅をはじめ顔料・金をはじめとする金属・鏡・椀・匙（さじ）・箸・絨毯（毛氈）などの器物と家具・松茸など、いろいろな品名が書かれていた。

　香料と薬品の中には、東南アジアとインド・アラビアなど、当時の西域で生産された品物が多い。牛黄と人参は、新羅から唐へ輸出された高価な薬材であった。東南アジアと西域の品物などは、既述したように新羅の人々が持ってきた品物であった。

　新羅の人々は、朝鮮の西海と中国の海岸一帯にまで進出して、中継貿易を活発に行なったのである。ここで新羅は、唐と唐へ入ってきた、いわゆる西域の品物である西アジア一帯の物産を中継して日本へ売り、日本で生産された品物を西域へ持って行って交易を行なった。中には純然たる交易品だけでなく、国家間の使臣の往来に同

伴される珍貴な品物も入っていた。

　『日本書紀』(巻二九、天武8年10月条、10年10月条)によれば、新羅は679年と681年の2回にわたって金・銀・鉄・鼎・絹・布・皮・馬・犬・驢馬・駱駝など(679年)と、金・銀・銅・鉄・錦(絹)・鹿の皮・細い麻・霞錦(朝霞紬と同じ絹類)・旗など(681年)を日本へ送ったという記録がある。

　ここでいうところの金・銀・銅・鉄とは、半製品ではなく、このような金属で作られた各種の手工芸品であったと思われる。

　正倉院に新羅が送った各種の絹とともに、高句麗の絹を入れておく多くの函があったことも、広く知られている。八角高麗錦鏡箱などが、それである。

　正倉院の宝物には、この他にも「佐波里」という椀がある。これは朝鮮語の「サバル」が転訛されたものである。新羅の品物である「サバル」の他にも、盤・匙・瓶・伽耶琴(新羅琴)・金銅製の鋏(はさみ)・漆器・経巻(経典)・絨毯などとともに、船のような形をした墨に、浮き彫りで「新羅楊家上墨」・「新羅武家上墨」という刻文の彫られた墨がある。新羅琴は、事実は、伽耶琴であるが、正倉院には金を塗った2個の新羅(伽耶)琴がある。

　日本仏教の宗派の一つである華厳宗は、新羅の僧によって新羅の華厳宗が伝えられたからなのか、正倉院の中に保存されてきた華厳経論の仏教典には「新羅帳籍」(新羅の村落関係文書)が、下紙に使用されていた。また、「佐波里」椀の底に付着していた塵紙も新羅の文書の古紙であった。

　これは椀自体が、新羅の品物であったことを端的に示している。このような新羅の椀は、平城京をはじめ多くの所から出土した。

　『源氏物語』をはじめとして、少し後世の資料にも高句麗の絹(高麗絹?)の話が少なくなく出てくることからして、正倉院には相当な程度の朝鮮の品物があると思われる。

③新羅人のシルクロード

　渤海の人々が、どの路程を経て西域へのシルクロードを往来したかについては、資料の不足によってよくわからない。横暴な契丹の侵攻によって、渤海のすべての文化遺跡と遺物・文献などが、破壊焼却されてなくなってしまったからである。

　しかしながら、新羅人の西域への進出およびシルクロードの遍歴は、断片的ではあるが、資料が少し残っていて、現在にまで伝えられている。

　『三国遺事』(巻四、義解第5)の「天竺に行ったことのある諸僧(帰竺諸師)」の条には「求法高僧伝」という本を引用しながら新羅人が唐を経て天竺(インド)へ行った事実を伝えている。それによれば、新羅人の阿離那という僧は早くから唐へ行っていたが、627～649年[唐太宗、貞観年中]間のある年に首都長安を出発してインドに到着して那蘭陀寺に住みながら、仏教の教理を学び仏教典を写したという。それ故に阿離那は唐の玄奘法師に先立って、あるいはほとんど同時代にインドへ行ったことになる。ただ、唐の玄奘法師は、長安へ帰ることができたが、阿離那は故国へ帰ることができず、故郷へ帰る痛切な思いを抱きながらも、ついに70の高齢で客死した。

　阿離那が、長安を経てインドへ行ったのは、玄奘法師がインドへ行ったのとほとんど同じ路程を踏んだものであろうと思われる。

　玄奘法師(602～664)は、627年(あるいは629年)に唐の長安(今の西安)を出発して西域への道を取り、アフガニスタンからインドへ入った。この道は、地図でみるシルクロードの通路である。すなわち西安→武威→敦煌→楼蘭→ホータン→ペシャワル(アフガニスタン)→天竺の路程であった。

　玄奘法師は、天竺国を巡りながら仏教を学び、再び陸路を経て長安へ帰ってきた。言い換えれば玄奘法師は、シルクロードを経て天竺に行って、その道を今度は逆に踏みしめながら故国へ帰ってきた

のである。

　この他にも新羅の僧で天竺－インドへ行った人としては、恵業・玄泰・求本・玄恪・恵輪・玄遊など、7～8名の学問僧がいた。彼らもやはり天竺への険しい道を遍踏した。その道は、まさにいうところのシルクロードであった。既述の新羅の求法僧の中には、天竺国において客死した人もあり、また、玄泰のように唐にまで帰ってきたのであるが、その後の消息がよくわからない人もいる。

　新羅の人々は、インドへの遠い道を旅行しながら吐蕃（チベット）一帯にも立ち寄ったが、チベットもやはりシルクロードの一つであった。チベットの古文献によれば、新羅王子の出身である成都淨衆寺の僧である金和尚無相（680～756）は、チベットの仏教普及では大きな役割を果たした人物であったという。当時、仏教は、アジアにおいては一つの思想潮流であったので、新羅の僧がチベットの仏教普及で果たした役割が大きかったことは、注目すべき事実であろう。同時に新羅人の西域への進出は、東方文化・朝鮮文化の西遷過程を、そのまま見せてくれるものである。

　新羅の人、慧超（704～787）は、20歳の時、仏教を学ぶために中国南海で舟に乗り、幾多の紆余曲折を経ながら天竺国へ入って行った。

　慧超は、中部インドの五国を遍歴したばかりでなく、西の方へも行きペルシア（イラン）とアラビアを回って小アジアの諸国を経て中央アジアの諸国へ入り、疎勒国・亀茲・安西大都護府の所在地である于闐国などへ寄り、安西へ帰ったが、再びカラシヤル（焉耆：今の中国新疆省）東方の諸国を経て長安に帰ってきた。

　慧超が歩んだ道を、彼が著述した『往五天竺国伝』に従って辿ってみることにする。

　初め彼は、西安－長安を出発して南海岸の海路を通って東部インドへ上陸し、拘尸那（クシナ）国に到着した。拘尸那国は、釈迦が生まれたという釈迦国とインドの西北部にあるマガダの国の間に位置

した地域である。

　拘尸那国は、釈迦牟尼が逝去した所でもある。

　この所から数カ月間も歩いて中天竺国に至り、そこから南の方へ歩いて南天竺国へ到着した。その後、再び西の方へ数カ月歩いて西天竺国へ至った。その後、引き続き歩いて北天竺国に至り、そこから1カ月間歩いて雪山（ヒマラヤ山）を過ぎて東方の吐蕃（チベット）に隷属された一小国に到着した。その後、また西方へ1カ月位歩いて一社咤国（今日のパンジャブ地方）へ至り、また西方へ1カ月間歩いて新頭故羅国へ到着した。新頭故羅国は、インダス川流域のパンジャブ地方に存在していた国である。そしてその後、山道を越えて迦葉弥羅国（今日のカシミール）へ行った。その後、東北へ山間を15日間歩いて吐蕃の統制下にあった大勃律国・楊同国・婆播慈国へ至った。

　その後、慧超は迦葉弥羅国の西北方の山間を1カ月間歩いて建駄羅へ至った。建駄羅は、ガンダーラ、カブル川流域の今日のヒンズークシの南部一帯である。この付近は、突厥国家の統治下にあったという。

　建駄羅国から西北方へ山道を歩いて3日目に烏長国（今のインダス川上流）に至り、さらに東北へ山道を15日間歩いて拘衛国に至った。拘衛国の住民は、自分たちを奢摩褐羅国というが、今日の都市サマルカンドではないかと思われる。引き続いて覧披国に至り、ここから西の方へ山道を歩いて8日目に罽国（今日のカピシヤ）へ至った。さらに北の方へ歩いて犯引国へ行ってから、さらに北の方へ20日間歩いて吐火羅国へ行った。

　吐火羅国は、今日のアフガニスタンのアブ江沿岸地帯である。さらに、そこから西の方へ1カ月歩いて波斯国（ペルシア）へ至り、北の方へ再び10日間山に入って行き大食国（サラセン―アラビア）へ至った。慧超は、大食国からさらに歩いて小仏臨国へ行ったが、小仏

臨国は、今日のシリアと推測されている。次に、小仏臨国から海に沿って西北の方へ行って大仏臨国へ至った。大仏臨国が、どこなのかは確実ではないが、東ローマ帝国（ビザンチン）、あるいは今日のトルコであったようである。

慧超は、さらに大食国の東方にある中央アジアのマベランナフ地方にある安国・曹国・史国・石国・米国・康国（ハルハナ、サマルカンド）などを経由して、さらに吐火羅国へ行ってから東の方へ7日間を歩いて胡蜜国へ至った。

胡蜜国から東方へ15日間歩いて播蜜川（パミール川）を渡り、渇飯檀国へ至った。渇飯檀国は、中国式には葱嶺と呼ぶ。葱嶺から歩いて1カ月目に疎勒（カシュガル）へ至り、疎勒から東方へ1カ月間歩いて亀茲国へ至った。亀茲国は、唐の安西都護府の所在地である。ここから、さらに南の方へ2,000里も歩いて于闐国に行き帰ってきた。その後、安西から再び東の方へ焉耆国（カラシヤル）へ至った。そうした後に再び、焉耆国以東の諸国を巡ってから長安へ帰ってきた。

以上が、慧超が歩んだ大略的な路程であった。慧超が残した文書の一部しか残っていないので、彼が旅行した道程の全貌を知ることができないが、相当に遠い道程を遍歴したことは、間違いないであろう。

慧超が、徒歩で歩いた距離は、10万余里をゆうに越える。それは世界的に驚くべき事実であり、特記すべきことでもある。

アジア大陸を横断した人としては、中国の僧法顕（399～413）と玄奘（629～645）などがいるが、慧超は彼らの徒歩旅行の記録を遥かに超えたものである。

法顕は、399年に長安を出発して、陸路を中央アジアを経てインドへ入って行き、仏教遺跡地を巡り、仏教経典を入手した後、3年間学習し、さらに獅子国（今日のスリランカ：セイロン）において道を修めた後、海路で帰国し、412年に山東半島の南岸の牢山に到着した。

法顕と玄奘を慕っていた唐の僧義浄（635～715年）は、671年に南中国の広東から海路でインドへ行っており、695年に400冊ほどの仏典をたずさえて再び海路で帰った来た。

このようにしてみれば、慧超がインドへ旅行した時には、法顕と玄奘、そして義浄などによってすでにインドへ行く陸路と海路が開拓された後だということがわかる。しかしながら慧超は、徒歩でもって遠くペルシア（イラン）とアラビア、そして小アジアの方へも行った。

慧超が歩んだ10万余里は、だいたい3年の歳月にわたって遍歴したもので、凍土帯を除いたアジア大陸のほとんど全地域を往来したと言っても過言ではない。その記録が、世界の歴史に名高い『往五天竺国伝』である[1]。

ちなみに慧超は、中国の密教の始祖と言われるインドの僧金剛智（671～741年）の弟子となって学んだが、彼が逝去すると、彼の弟子である不空（705～774年）の仏教経典の漢文翻訳を助けた、ということでも有名である。慧超は、当時、東西文化の交流通路であったシルクロードを渡り歩いて、アジア大陸をつぶさに遍歴したのである。

例えば、波斯国（ペルシア）に到着した慧超は、この国が当時には大食国（サラセン—アラビア）の管轄下にあったことを知った。また、ペルシアが崑崙国と獅子国（スリランカ）へ行って宝物などを交易すると言っている。そして中国の広州に船をつけて綾羅と絹織・絹糸と絹布などを交易すると記述している。また、慧超は、安西（都護府）→疎勒→亀茲の道を歩み、安西から南の方へ2,000里も歩いて、于闐国まで往来した。彼は、焉耆をも通ったのである。

慧超は、徒歩でアラビアの方からペルシアを経て、シルクロードの多くのオアシス都市国家を歩いて長安にまで帰ってきたのであった。既述したように敦煌→天山山脈→トルファン（高昌）盆地→焉耆→亀茲→疎勒の道が、古代からのシルクロードであったことは、す

でに知られた事実である。于闐への道もやはりシルクロードの一つであったが、その南方の道はほとんど利用されなかったことは、すでに言及した。慧超が歩んだすべての路程それ自体が、まさに古代と中世時期のシルクロード、そのままであったのである。

注

(1) 『往五天竺国伝』は、本来慧超が［インドから］長安へ帰って書いた上・中・下の全三巻より成った紀行文であった。それを唐の人が、慧超の原著三巻を抄出して一巻の簡略本にした。その後、長安の数多くの書物が甘粛省一帯において節度使をした曹氏の手元へ渡っていき、その後、紆余曲折を経ながら敦煌鳴沙山の千仏洞石窟に埋もれるようになった。

千数百年間、洞窟の中に埋もれていた貴重な大旅行記は、イギリスの探検家であり、考古学者であるスタインに続いて、敦煌を探査したフランス人ペリオによって数多くの仏教図書・古文献資料とともに発見され日の目を見るようになった。

4．高麗の絹生産とシルクロード

(1) 高麗の絹

　高麗の絹も古代からの伝統的な養蚕の歴史を継承して、さらに発展した。高麗期は、三眠蚕の繭糸で錦（多色絹）・繡（色糸で繡を施した絹）・綾・羅・綵・絹（生絹糸で織った絹）・紬・綃（生綃、生絹糸で織った紋様のある薄い絹）・絲などの諸種の絹を織った。この他にも金線・銀線もあったが、これらは絹に細い金糸・銀糸を混ぜて織ったものである。そして青黒い絹である雲紬羅と高麗錦・暈錦・綢錦・軟錦・両面錦のような布は、その質が非常に優秀で外国にまで広く知られた。

　高麗時期の絹織りには平織り・緞紋・斜紋組織など、いろいろなものがあった。

　平織りとは、繭糸（絹糸）を経糸と緯糸で交叉させながら織る方法である。俗に平織りと呼ぶ織方法で織ったものを普通は絹と呼び、生糸で織った絹は生絹と呼ぶ。

　緞紋をしたものは、経糸と緯糸が少し交わり、連続的に交叉して織るものである。緞紋をした布は、糸が長く連続して［刺し縫いしながら交叉して］織られるので、布の表面は織られた糸で稠密に覆われるようになる。それ故に、緞紋布は光沢があり、手触りが柔らかい。

　高麗時期の記録に綾織り・生綾織りがある。生綾織りは、生糸で斜紋組織りした布である。生綾織りを熟してセリシンをはじめとする天然不純物を部分的に除去したものを綾織りという。綾織り・生綾織りは、布の組織形式が同じで、ただ、熟した糸で織ったものか、でなければ布を織った後に処理したのかによって、異なるようになる。

この他にも高麗時期には、紋様のある絹布織りをはじめ、諸種の絹織技術が発展した。そして経糸と緯糸を互いに交叉させて織る、交織布も生産された。

　交織布は、性質が互いに異なる経糸と緯糸を使用して織るので布の質を改善し、用途を広げた。例えば開城市長豊郡大徳山里仏日寺の5層石塔から出土した高麗絹布の一つは、家蚕の繭糸と柞蚕の繭糸を交織した布であった。布の経糸・緯糸の密度は、各々450本数／10cm、350本数／10cmであった。

　現在、高麗の絹が出土した状況を見れば、平安北道香山郡普賢寺と江原道高城郡温井里新溪寺址そして開城市長豊郡大徳山里などの地においてである。これらの絹布は、色も優雅でしかも柔らかな感じを与え、また紋様も美しい。当時、高麗絹の発展した水準の一端を窺うことのできる遺物である。

　このように高麗の絹が質的に高い水準にあったので、中国の宋と西域の諸国においては、高麗絹を大量に買って行ったのである。

　宣和年間（宋、1119～1126年）に高麗にきた徐兢が書いた『宣和奉使高麗図経』（巻二三、風俗2、土産条）に高麗では「養蚕はよくない［不善］が、絹糸で機織をする。皆の商人が仰［望］ぐ。山東・福建・浙江などから来て、すこぶる良き織もの『紋様のある絹［文羅］・花模様のある絹［花綾］、捻紗した多色絹と毛織り布［絨毯］などを買って行く。」と、讃嘆を惜しまなかった。

　ここでいう山東半島と福建、浙江（長江下流以南一帯）とは、中国においても古代から屈指の蚕の繭の生産地、絹布生産地で有名であった。この絹の生産地の商人までも、高麗に来ていろいろな絹布を買って行ったのである。これは当時、高麗の絹が、糸の質・絹織りの水準において、決して宋に劣るものでなく、世界的水準で発展していたことを示しているものである。

　このようなことからして高麗の絹は、中国や中近東地域などの地

域にまで広く輸出され、大変な人気をはくした。
　高麗の絹とともに高麗の有名な人参と高麗磁器が、西域へ数多く輸出された。それ故に高麗時期のシルクロードは、すなわち、人参ロードであり、磁器ロードであった。

(2) 宋との貿易、海上のシルクロード

　高麗は、宋と比較的親密な関係を維持しながら、貿易の取り引きを行なった。そして国家の使臣の便と商人間の公・私貿易が、360余年間にわたって活発に行なわれるようになった。
　962年から1278年までの300余年間にわたって、高麗から宋へ行った使臣の回数は30回に過ぎなかったが、宋から使臣と商人が高麗へ行った回数は160回にも昇った。そして1020年から1100年までの80年間に、高麗へ来た宋の商人の人数は、『高麗史』に記録されているだけでも4,000余名にも昇っている。
　宋へ往来する道は、基本的に北方と南方の二つの回路が存在していた。
　北の道としては、礼成江江口の碧瀾渡し一帯から出発して朝鮮西海に沿って北の方へ行き、甕津半島から豊川（今日の果実郡）に寄港してから西海を渡って中国の山東半島の登州（文登県などの地）に到着して陸路で宋の首都の卞京（開府）へ行く道が、それである。宋においては、1015年に登州の海岸に使臣を接待する客館を設置した。
　一方、高麗においても黄海道豊川の池村郷広石山などの地に宋の使臣と商人が往来しながら滞留する客館を設置したが、その跡は15世紀頃まで残っていた。
　南の道は、礼成江江口から出発し海岸線に沿って南のほうへ南下して行き、全羅道の古郡山島に至り、黒山島を経て朝鮮西海を渡って南中国の溟州か杭州（あるいは蘇州）へ到着して大運河を通って宋の首都へ行く道が、それであった。南方の航路は、12世紀20年代に

南宋が首都を南京へ遷した後、使用するようになったが、順風にあえば溟州か杭州を出発して15日もすれば礼成江の碧瀾渡しに到着することができた。

11世紀70年代までは、使臣と商人が往来する時、主として北道を多く利用したが、その後は、両国間の関係を好ましいものと思わない契丹（遼）を警戒して、南道を多く利用するようになった。船の道を往来するには、風を利用しなければならなかったので、両国間の貿易は、風が強い夏に多く行なわれた。風が良好な時には、7～10日後に目的地へ到着することができた。

当時、高麗が使臣を通じて宋へ輸出した品物は、金帯・金盒・金の花を刻み込んだ銀の器・薬罐・杯などの金銀細工品(1)、錦と大綾織・生絹と綾織・生麻布・帽子の布と手拭いの布・皮褥子などの各種の布類(2)、人参・松子・胡麻油・硫黄などの薬材、そして各種の書籍(3)、高麗磁器(4)、象嵌細工品、花の飾った座布団(5)、紙・墨・筆・屏風・扇などの日用品と獺皮・文化用品、それから武器・馬・馬具類であった。

高麗が宋へ輸出する絹と人参・高麗磁器などの数量も相当に多かった。

例えば、1079年に宋においては、各地から生産される牛黄50両・龍脳［樟脳］80両・朱砂300両・麝香50臍をはじめ100種の薬を［高麗へ］送ってきた。それに対する報答として、翌年の1080年に高麗が送った品物は、次のようであった。

まず、御衣2領・金腰帯2條・金鏤鑼盆・金花銀器2,000両・色羅100匹・色綾100匹・生羅300匹・生綾300匹・襆頭紗40枚・帽子紗20枚・闊屏1合・画龍張2対・大紙2,000幅・墨400挺・金で鍍金した銀粧の皮器杖2副・細弓4張・哮子箭24隻・細箭80隻・鞍轡2副・細馬2匹・散馬6匹・金合2副・盤盞2副・注子1副・紅闥倚背10隻・紅闥褥2隻・長刀20隻・生中布2,000匹・人参1,000斤・松子2,200

斤・香油220斤・螺鈿装車１両などであった[6]。

　ところで、これらの品物の数量は、海上において船が台風に遭遇したので、品物の大部分は失われ、残りの数量であったという。

　この他にも高麗においては、数えきれないほどの多くの金銀・宝物と米穀・日用雑器などを、宋へ送った。高麗からもち帰った品物が、どれほど多かったのか使臣が帰国の際に、それらを全部船積みすることができなかったので、品物を銀と替えて帰ったという（『高麗史』世家、巻九、文宗32年：1078年）。

　国家の貿易に劣らず、大きな規模で活発に行なわれたのが、商人間における私貿易であった。宋の商人は、自国において生産される各種の布と金・銀工芸品・薬材・文化用品などとともに他の国、とりわけ東南アジアや中近東の当時西域と呼ばれていた地域において購入した象牙と香料などをもって高麗へ来た。

　『高麗史』の記録によれば、宋は契丹との苛烈な戦争を行なっていた1019年だけでも７月の１カ月の間に、宋の泉州の商人100名、福州の商人100余名などが、高麗へやってきて香料と薬材、土産物などを献じ、それらに相応する品物を受けてもち帰った。

　宋の商人は頻繁に高麗へ来たが、それは高麗商品に対する宋の人々の需要が高かったところにあったばかりでなく、高麗において彼らを特別に優待したことと、貿易で得る特恵があったということと関連する。例えば、1231年に宋の商人が、水牛４匹を人参50斤・麻布300匹で交易したが、それはそのような特恵の一つであった。

　このようにして、11世紀の80年間、正史の『高麗史』に記録されているものだけでも80余回にわたって、約4,000名の宋の商人が高麗へ貿易の目的で来たのであった。

　とりわけ南海沿岸に住む宋の商人は、絶え間なく高麗へ来た。

　彼らは高麗へ品物を買いに来たが、海路を利用して、さらにそれらを当時西域の大食国へもって行き、暴利を得た。いうまでもなく、

高麗からもち帰った商品の基本は、絹と人参・高麗磁器であった。

注

(1) 　高麗においては金属加工技術が、以前より発展した。とりわけ金の生産が増加したが翼領県（江原道襄陽）と西北面の成州（成川）は、代表的な金生産地として発展した。洪州の東源山においても金が生産された。1072年、宋へ輸出した貿易品名には、金腰帯（44両）・金束帯（30両）・金の盤盞（40両）2個・金の薬罐（65両）・金の盥(たらい)（50両）1双など、多くの金製品が入っていた。

　この他にも金鍍金した銅製品と金箔をした高級絹織物などと、銀と銅などの貴金属・有色金属加工品が、数多く輸出された。

　当時、高麗は国際的に銅の生産地として知られていた。959年に後周が、使臣を派遣して絹数千匹を贈り、高麗の銅を要求すると、翌年に高麗は銅5万斤・紫白水晶各2,000顆を1対1の交易原則に基づいて与えた。

(2) 　高麗の絹は、いうまでもなく苧(からむし)［麻布］をはじめとして各種の布も非常に優秀で高い評価を受けた。宋の人は、「高麗ではからむし、麻が自生している。人びとは多く布を着る。その絶品を「紬(つむぎ)」という。清らかに真っ白く、まるで玉のようで」（『高麗図経』巻二三、土産条。[『同書』朴尚得訳、国書刊行会]）と、記述している。とりわけ精巧に織った「白苧布細如蟬翼：白苧布は繊細で蟬(せみ)の羽のようである」（『高麗史』巻八九、列伝、后妃2、斉国大長公主条）と、高く評価された。

(3) 　高麗の時期には優れた活字および木版印刷も発達した。そうした高麗は、東西における古今の貴重な書籍などが豊富な国として知られ、数多くの書籍が輸出されたが、1019年だけでも宋は、高麗に120余種・約5,000巻の稀貴な書籍を注文してきた。宋では、このように輸入した書物を官庁と文書庫ごとに所蔵するようにした。高麗は、書物

とともに優れた文房具有類も輸出したが、清潔で白いながらも滑らかで強靭なる高麗の紙は、墨がよくなじみ、文字を書くのに便利なので、外国の文人に好まれた。このようなことから普通高麗の紙は、「白硾紙」または「繭紙」と呼称された。

　高麗の文房具の一種である筆も外国の学者らが、「柔らかながらも自由自在に文字を書くのによい高麗の猩猩毛筆を愛用した。その筆を一度［手に］執れば、どうしても筆を置くことができなかった」(『海東繹史』巻二七、物産志2、文房類・筆条)というほど、筆の生産は高水準に達した文房具であった。

　墨もやはり筆とセットになった文房具で、名高かった。高麗墨の名産地としては、猛州(猛山)・平鹵城(寧遠)・順州(順川)・丹山(丹陽)などの地であって、これらの墨は、宋人の高い評価を受けた。特に丹山の墨の色は、烏のように真っ黒く、質が優秀なので「丹山烏玉」という異名を持った。

(4)　当時、陶磁器工芸の傑作として知られた高麗磁器は、宋へ数多く輸出された。陶磁器で有名な宋においても高麗の翡色磁器は、端溪(広東省肇慶県付近)の硯・安徽(安徽省徽州)の墨・建州(吉林省敦化)の茶などとともに天下一品の名物として知られた(『海東繹史』巻二九、附器用・居処具条)。

　高麗磁器の発展は、高句麗の磁器を離れて考えられない。最近出土した高麗の首都開城に近い黄海南道白川郡元山里の窯址は、高麗磁器の悠久なる始源を明らかにする実例である。

(5)　高麗においては、各種の席艸(莞)と藤の皮で編んだ藤蓆などと、花座布団などの生産が発展した。席艸で編んだ蓆は龍鬚席、藤の皮で編んだ蓆は藤と呼んだが、席艸で作った蓆がもっとも多く輸出された。それゆえに当時、宋の人々は高麗の商人が持ってくる「蓆は、その多くのものが席艸(莞)で作られ、蓆の広さは狭いが、密緊であり、そして繊細に編んだ蓆は丸い花紋様があった」(『海東繹史』巻二九、附

器用・居処具、鶏林志引用記事）と、記している。

　このような蓆は、席艸の蓆を万花蓆・彩花蓆とも呼ばれ、席艸（莞）で作った座布団は万花座布団・彩花座布団と呼ばれながら、人気をはくした。

(6)『高麗史』世家、巻九、文宗34年7月癸亥条（1080年）。

(3) 女眞との貿易

　古朝鮮と高句麗以来、朝鮮に隷属されていた女眞族は、渤海滅亡以後においても変わらず、高麗を「大国」・「父母の国」・「祖先の大国」と認めながら、高麗との緊密な関係を維持していた。

　1018年から金の始祖完顔部阿骨打［太祖］が、国家を創建した1115年までの100年間に、女眞族の酋長などが、貿易のために高麗を訪ねてきた回数は、『高麗史』に見えるものだけでも230回を越えている。彼らは、貿易のため酋長の引率の下に普通、数十名・数百名の集団で訪ねてきたし、多い時には千数百名にも昇る大集団を成して訪ねて来たりした。女眞族が持参した品物は、主として馬・駱駝・羊などの畜産物であったし、ミンクをはじめ各種の毛皮と狩猟物資など、そして弓と矢・鎧類などもあった。その中で、馬がもっとも多かった。彼らは馬を主とし、その他にいろいろな物資を持参してきたが、それらをもって絹と交換して帰った。

　高麗は、女眞族が持参した馬を3等級に分けて価格を定めた。947年の実例を見れば、1等の馬1匹の値段を銀の薬罐1個と錦および普通の絹各々1匹ずつ、2等の馬は銀鉢1個に錦および普通の絹各々1匹ずつ、また、3等の馬は錦と絹各々1匹ずつの価格で貿易が行なわれた[1]。

　高麗側からは女眞との貿易を経済的な側面からすれば、別に大した意義がなかったばかりでなく、むしろ大きな負担となった。ただ、それは女眞人を懐柔服従させて北部辺方の安全を保障しようとの目

的があった。そして高麗の優れた各種の絹が、女眞族の馬と交換されて満洲地方へ数多く輸出されていった。

　注
(1) 『高麗史』（巻二、世家、定宗3年9月条）に、この時、東女眞の大匡蘇無盖らは、700匹の馬と方物を献じたという。彼らは、その代償として700匹の錦と700匹の普通の絹、銀薬罐と銀の鉢などをもらって帰ったという。

(4) 大食国商人との貿易

　大食国の商人とは、今日の中近東一帯に存在していた国々の商人をいう。朝鮮と中国においては、中近東一帯のサラセン諸国を大食国といった。当時のアラビアの人々が大食家であったので、そのような名称をつけたのではないであろう。

　『高麗史』には、1024年・1025年・1040年の3回にわたって大食国人の来往について伝えている。はじめの1024年9月に悦羅慈ら100名の大食国人が、来訪して方物を献じたという。翌年の9月には夏誠羅慈ら100名が来訪して方物を献じたという記録がある。

　大食国人が、一度に100名も高麗へ来たのは、世界に広く知られた高麗の稀貴な絹を交易するためであった。『高麗史』（巻六、世家、靖宗6年［1040］11月丙寅条）によれば、大食国の商人保那盖らが来て献じた品物は、水銀・龍歯・占城香・没薬・大蘇木などであったという。これに対して高麗では、特別に待遇を厚くし、代償として金と絹を充分に与えた。このことは大食国人が高麗にまで来訪して、金と絹を交易するためであったということがわかる。

　大食国人が高麗へ交易するために来たのは、福州とか、泉州に居住する宋の商人たちから話を聞いて来たものであり、高麗の金と絹・人参などを直接に買い入れるために来たものと思われる。

　大食国商人が高麗へ持参した水銀・龍歯・占城香・没薬・大蘇木

などは、東南アジアと中近東において生産されるものであった。これは彼らが、他の国で生産される品物を購入して持参し、高麗へ転売したことを物語ってくれる。

　大食国商人が、高麗の絹などを宋や契丹を経由しないで直接に買うために航海した海路こそ海上の「シルクロード」であった。

　宋と大食国商人と西域商人たちが、絶え間なく出入りする関門は首都開京であり、対内外の貿易港である碧瀾渡は、常に盛況であった。碧瀾渡は、開京への関門として、全国各地において収奪した租税と貢物が、この西江と碧瀾渡の港を通じて開京に搬入された。そこに寄港する商船を通じて、全国各地の商品が開京に入ってきた。同時に碧瀾渡は、外国の使節と商船が出入りする通商外交の拠点でもあった。

　通商貿易で繁栄していた礼成江について高麗の文人たちが、数多くの詩を詠んだということは、『東国與地勝覧』（巻四、開城府山川条）に記載されている詩を通じてもよく知ることができる。

　碧瀾渡は、礼成江の渡船場であったし、西江とともに南北各地と東南各地の商船が絶えることなく頻繁に出入りする繁華な貿易港として、全国各地の商船が集散する拠点であった。

　碧瀾渡と開京間の道路とその周辺は、当時、商人の往来する商品去来がもっとも頻繁に行なわれる通商路であり、商業地帯であった。それ故に開京の商人は、その一帯に進出して、いろいろな形態で商業活動を行ない、その過程で碧瀾渡から首都開京へ至る30余里の長い区間には、大きな商業街が形成されるようになった。伝えられる記録によれば、開京から碧瀾渡に至る36里区間の道路両側には、開京の商人をはじめ、各地の商人が集結して、一つの大きな商業街が形成されていたので、商店と民家が軒を連ねて連結されていたと言われる。そして街道は、雨が降っても軒の下を通って行けば、一滴の雨にも濡れないという、逸話までも生まれるようになったほどで

あった。
　これは少し誇張された逸話であるが、開京－碧瀾渡の間が商業街道として繁栄していた状態の一端を物語るものと思われる。
　当時の記録では、この碧瀾渡に多くの国々の船舶が、常に林を成して停泊していると記している。高麗が誇る世界的な画家である本寧が、宋の王徽宗の要求に応じて描いたという「礼成江図」は、礼成江口の大貿易港碧瀾渡を描いた名画であった。徽宗は、噂が大変高い礼成江の貿易港を一目絵だけによっても見ようとしたのであった。
　高麗時期に至って高麗朝は、境を接した契丹（遼）と敵対関係にあったので、たとえある程度の貿易の取引があったとしても、それ以前のように陸路を通じて西域へ行くわけにはいかなかった。それ故に海上を経て西域と連繫を結ぶようになった。高麗の国際的威信が高くなり、高麗の絹についての噂が高まるにつれて、大食国人も高麗と直接に交易するため、万里風波を克服しながら来訪したのであった。

(5) 外国の使臣と商人に対する歓待
　高麗においては国内の人よりも、主として外国人を対象とする国際旅館が多かった。それは主として礼成江の渡船場である碧瀾渡と首都である開京－開城に集中しており、陸路で往来する女眞族と契丹族のための通路にも、外国人の接待のために駅館が設置されていた。『高麗史』の記録によれば、開京には娯賓館・迎賓館・清河館・朝宗館・迎華館など、10余個の外国人接待所があった。これらの接待所は、外国人の宿泊所であると同時に貿易の場所にも利用された。これらの接待所の収容能力についての資料は、1055年、宋の商人葉徳寵ら87名を娯賓館に、黄拯ら105名を迎賓館に、黄助ら48名を清河館に、また、当時として高麗の直接的統治下になかった耽羅国（済州

島)の頭領高漢ら158名を朝宗館にそれぞれ留宿させたという記録がある(『高麗史』巻七、文宗9年2月乙巳条)。

　封建社会における当時の状況では、このように数十名、あるいは100単位の外国人の客を一度に留宿させて処理することは、容易ではなかったことと思われる。

　高麗は、来訪した外国の客を政治外向的性格を帯びた使節はいうまでもなく、純粋な貿易のために来訪した商人も優待した。その実例として、彼らに「八関会」を観覧させたことを挙げることができる。

　「八関会」とは、高麗時代に王宮で行なわれた多彩な仏教行事であった。本来、土着神崇拝思想から出発した宗教行事であった八関会は、仏教行事が重複するようになった。踊りと歌・器楽・曲芸など、盛大な歌舞雑技が繰り広げられたこの行事は、高麗においてはもっとも大きな国家的祝日行事の一つとして取り扱われてきた。

　高麗においては、毎年11月に開かれた「八関会」行事に、首都に滞留していた外国の人々を招待して観覧させることを一つの慣例としていた。これに参加する外国の客は、国家使節と商人を区別せず観覧させた。彼らは、高麗王に持参の方物を献じた後、各種の遊戯と歌・踊りを観覧した。『高麗史』の記録によれば、高麗の初期から高麗においては国王が文武百官らと、外国の客の全部がそろってこの「八関会」を、一緒に観覧したという(『高麗史』巻六、靖宗即位年12月庚子条)。

　記録などには、「八関会」に宋と女眞・日本人が数多く参加した。その時に高麗文化が集大成されている、この文化行事が盛大に繰り広げられたという。

　このように「八関会」を通じて西方諸国の文物が高麗の首都開京に集まり、そして高麗の絹と人参・磁器などが西方と東方へ広がっていった。それらとともに歌と踊り・遊戯雑技(曲芸など)が、多彩

に繰り広げられたことから「八関会」は、東西文化交流の重要な場所、拠点の一つになることができたのである。

　このように高麗は、来訪した外国の客を親切に迎え、そして歓待した。これは朝鮮民族の古来からの伝統であり、慣習であった。

付　録
6〜7世紀の高句麗―突厥関係

　1,000年の悠久な歴史と広大な領域、そして強力な軍事力と高い文化をもってアジアの強大国として威声を轟かした高句麗は、突厥と直接に国境を接しながら、政治・経済・軍事的に密接な関係を保っていた。高句麗は、多くの場合に突厥と敵対関係にあったが、情勢の変化にしたがって、時には連帯提携することもあった。7世紀に至り、高句麗は、中国を統一した隋、そして唐のような大国などと相対した状況で、その北方に位置した突厥と緊密に協助すべき必要性があった。そして高句麗は、伸縮性のある対外政策を実施せざるを得なかった。

　この小文においては、6〜7世紀、高句麗の西北方に位置していた突厥との関係の一側面を考察することによって、高句麗の対外活動の幅と歴史的地位を正確に把握することによって高句麗が当時、西域と呼ばれた砂漠のシルクロードを、どのように開拓したかということを明らかにしようとした。

　まず、読者の便宜を計るために突厥の一般的歴史を概観した後、高句麗が突厥と関係を結ぶようになった歴史的背景を簡単に探ってみた。それと同時に高句麗が、啓民可汗に使臣を派遣した事件と、650〜655年間にサマルカンドに使臣を派遣した事件の前後関係などを考察した。

1. 突厥史の概観および高句麗－突厥の歴史的背景

　まず、突厥の歴史を簡単に概観することにしよう。

　世界歴史上に突厥〔＝トルコ族〕が登場するのは、6世紀中葉頃から約200年間である。突厥の歴史は551年、柔然に服属していた突厥が、部族長の土門が強大になりながら伊利可汗（国をもった大王）と自称し〔552年〕、その後744年に突厥が滅亡する時までである。

　突厥は、6世紀中葉に突然に勃興して200年後に、また、突然に滅亡した遊牧民族国家であったがために、自分の文字と自分の文献・歴史資料はない。彼らの後裔の歴史も、記録も皆無である。したがって突厥の歴史は、接触が多かった中国の歴史記録を通じて見る他に方法がないのである。それゆえに『北史』・『隋書』・『旧唐書』などの突厥伝に基づいて突厥の歴史を概観することにする。

　突厥は、中国史家の表現を借りると「匈奴の別種」と呼称しており、それ故にモンゴリア系統に属する遊牧民族・遊牧国家というべきであろう。突厥がもっとも強盛であった時期には、モンゴル高原とアルタイ地方を中心として、カスピ海とチベット一帯までの広大な領域を支配していた。

　突厥の支配氏族は、阿史那氏である。阿史那氏は、初めアルタイ山脈の南西地方に居住しながら、柔然に服属していたが、族長土門がジュンガリア地方に居を占めていた鉄勒部族を撃ち従えた。その後、柔然を撃破して、彼らから独立した。そして自ら伊利可汗と振るまい、弟であるディザブロス（後のイスデミ可汗）を西の方へ派遣してトルキスタンを侵攻した。この時が、551年であった。

　伊利可汗（富民可汗：552～553年）の子である木杆可汗（553～572年）の時、宗主国であった柔然を滅亡させて契丹を撃ちながら、キルギスまで自己の勢力下においた後、自己の本拠地である北モンゴルの

ウトケン山に移拠した。

　一方、トルキスタンにおいてはディザブロスがササン王朝ペルシャ（婆沙）と協力してエプタルを滅亡させて（563～567年）、本拠地をクチャ（亀茲）の北方ユルドズ渓谷に置いた。これを一名西面突厥、または西面可汗という。これがその後、西突厥の基礎になった。ところで突厥は、強大になるや万里の長城を度々越えながら侵攻したりしたので、隋などの歴代王朝は、突厥勢力が結束できないように離間政策を実施した。けれども沙鉢略可汗（582～587年：イシバル可汗）の時、トルクメニスタンの西面可汗が独立したので、西突厥が分離した。東方のモンゴルを中心にして突厥を東（北）突厥と呼んだ。東突厥がもっとも強盛であった時は、北中国一帯の強大国である北斉（550～577年）と北周（557～581年）までも突厥に朝貢を納めるほどであった。

　元来、突厥内部の統一的基礎は、鞏固ではなかった。可汗の位をめぐっての覇権争いは、主として同族間において行なわれた。また、中央に位置した大可汗以外に数多くの小可汗が分立していた。沙鉢略可汗が隋に降伏して臣と称したのも結局、突厥内部の紛争によるものであった。

　都藍可汗（588～599年）の時、ディザブロスの達頭可汗（576～603年、一名歩迦可汗）と突利可汗（？～609年、啓民可汗）が、互いに覇権を掌握するための戦いをくり広げたが、結局、突利可汗は隋に降伏し、都藍可汗は部下に殺され、達都可汗は隋の軍に敗れて逃亡した（603年）。啓民可汗が隋に降伏したのは、勢力争いに不利になると、自己より大きな者を後ろ楯にして自分の地位を維持しようとしたところにその目的があった。隋は、「以夷撃夷」（えびすを以って、えびすを撃つ）の方略で突利可汗を受け入れたのであった。彼我の相互が真心から投降し、かつ受け入れたのではなかった。

　隋は、突利可汗に啓民可汗の称号を与えながら、勝州と夏州一帯

のいわゆる五原地方に遊牧地を与え、北モンゴル一帯の鉄勒部落を統制するようにした。突利可汗は、隋の懐の中へ入ったが、突厥の立場からみれば、突厥勢力が2、3派に分裂したので、自己の勢力の弱化を招来したわけである。

このような突厥の紛争と混乱、勢力の低下を絶好のチャンスとして台頭したのが鉄勒(てつろく)部族であった。ジュンガリア・トウラ川の流域一帯において遊牧をしながら、突厥の支配に服属していた鉄勒の諸部族は、薛必・薛延陀らが、各々独立するようになった。けれども、彼らも東西二つの突厥が、再び強大になると、従来のように隷属するようになった。

東突厥においては啓民可汗以後、始畢可汗（609〜619年、啓民の子）・処羅可汗（619〜620年頃、啓民の弟）・頡利可汗（619年頃〜630年、処羅可汗の弟、啓民の第3子）が、相次いで立ち上がりながら本来の勢力を回復して強大になった。

西突厥においては、達頭可汗の後を継いだ射匱可汗・統葉護可汗の両可汗が立ち上がり、東方の鉄勒部族と西方のペルシャ・クチャ（亀茲）を撃って、トルクメニスタンを再び支配するようになった。だが、東突厥においては頡利可汗の時になって、その支配は次第に揺るぎながら弱体化したが、この隙につけ込んで鉄勒部族は反乱を起こし、独立して薛延陀部落の夷男を可汗として推戴した（628年）。唐の軍隊は、薛延陀と協力して頡利可汗を攻撃したので、東突厥は滅亡した。630年に滅亡するまでの突厥国家を、突厥第一帝国と呼ぶ。

突厥第二帝国は、骨咄禄可汗（682〜691年、イリテシュ）の復興以来、その弟である黙綴可汗（693年以前〜716年、一名カバカン可汗）を先頭として大きく勢力を轟かしたが、5代の登利可汗を最後にして744年に滅亡した。

隋に替わって王権を確立した唐は、突厥に対する攻撃を強化して、630年には東突厥を滅亡させた。つづいて突厥に替わってモンゴル地

方において勢力を振るった薛延陀を盟主とする鉄勒の諸部族を撃って服属（646年）させる一方、その地に6部7州を置いて統治するようにした。そして南部モンゴル地方において遊牧している突厥の諸部族に対しては帰化城方面の雲中と定襄に、2都督府を置き、後に、その上に単于都督府を置いて統治した。

　唐は、突厥勢力が拡大して長城を越え侵攻してくるのを事前に防備するとともに、より重要なことは、莫大な利得が生じる東西交易の中心地である「シルクロード」を掌握統制しようとした意図から西突厥に対する積極的な攻勢をとった。そして、630年にハミの地に伊州を設置した。引き続き640年には、高昌国を滅亡させて西州（トルファン）・庭州（ジムサ）を設置した。その後、西突厥の部長であるアサノハロの反乱を契機に、トルキスタンに自己の勢力を拡張し、ここにも州を設置したが、その上に興昔亡と継往絶の両可汗を冊封して傀儡統治を実施した。けれども、このような統治方法は、長続きしなかった。7世紀末に西突厥部族の一つである突騎施（トルキシュ）が立ち上がって独立し、この地方に勢力を拡大した。したがって唐が、この一帯に対する支配は名目だけのものになってしまった。

　以上が、『隋書』・『唐書』の突厥伝で見た突厥の歴史についての簡単な概観である。

　では、高句麗は、どのように突厥と関係を結ぶようになり、その歴史的背景はどのようなものであったのか。

　高句麗が、最初に突厥と接触をもつようになったのは、突厥の国家形成初期のことであった。『三国史記』（巻一九、高句麗本紀、陽原王7年9月条）によれば、「突厥が来て新城を囲んだ。勝ち目がないので白巖城に移って撃った。王が将軍高紇を送って軍士万名を率いて防いで勝った。1,000余名の首を切った」と、記している。これが陽原王7年のことであるから、551年に該当する。新城は、瀋陽の撫順高爾山城に推測されている。

551年は、すでに考察したごとく突厥が柔然の隷属から解放されて独立国家の地位を得た直後で、阿史那土門が可汗の位に即位した年である。そして突厥は、独立して一つの勢力となるや、高句麗へ侵入してきた。それも高句麗が、万名の軍士で防禦しなければならないほどの大規模の侵略武力であった。突厥は、新たに立ち上がった気勢で、東方の強大国高句麗を一挙に占領する野心で、高句麗へ侵入して来たようである。このように突厥は、国家形成の初期に高句麗と軍事衝突によって関係を結ぶようになった[1]。

　突厥は、その後も高句麗に対する侵略行為を止めることはなかった。突厥の高句麗に対する侵略行為は、2段階に分けて考察することができる。初めの段階は、隋が建国する前に突厥が独自に侵入して来た段階であり、2番目の段階は、隋と唐とに合勢し、侵略勢力の一翼として行なった侵略行為であった。

　第1段階の侵略行為に対しては既述の『三国史記』の他にも、沙鉢略可汗（6世紀後半期に活動）の時のこととして高句麗－靺鞨連合軍が、突厥を撃破した事実（『北史』巻九九、列伝突厥）がある。これは突厥が独自に高句麗へ侵入して来たために軍事衝突が起こり、高句麗によって撃破されるようになったのである。

　当時、沙鉢略は、突厥酋長の中で「もっとも賢明で、かつ利口で、勇敢であり、大衆を引きつけ、すべての北夷がみんな来付」したという人物であって、一時は40万の軍隊を率いて長城を越えて中国の管内に侵入して行ったこともあった。また、栄州刺史高氏が反乱を起こした時には、彼と同盟して臨渝鎮を陥落させたこともあった。まさに、このような沙鉢略可汗の時であったので、突厥は独自に高句麗へ侵入したが、高句麗軍によって敗退したものと見える。

　中国において隋が立ち上がり、北斉（577年に滅亡）につづいて北周（581年に滅亡）が滅亡した後、589年に中国が統一されるようになると突厥は、隋の離間策動によって多くの分派が生じるようになっ

た。その中で覇権争いにおいて敗北した勢力は、隋という外勢を後ろ楯にして突厥の世界において自己の地盤を強化して覇権を掌握しようとした。隋は、それなりに彼らを抱き込んで突厥の南下を防ぐ一方、高句麗への侵略戦争に彼らを利用しようとした。隋についた突厥勢力の中で、代表的人物は西突厥の処羅可汗であり、唐についた代表的人物は啓民の孫にあたる詰利可汗の子である思摩であった。

処羅可汗は、西突厥の人であった。既述したように、西突厥は北突厥と祖先を同じくしていたが、木杆可汗と沙鉢略可汗の間に隙間が生じ、二つに分かれた。これが東（北）・西突厥の分裂であり、583年のことであった。処羅可汗は、隋の大業年間（605～617年）に自己の群れを率いて高句麗への侵略に加担した。隋は、処羅可汗に葛薩那可汗の称号を授与しながら、彼を積極的に懐柔した[2]。そして彼らの騎兵武力を高句麗への侵略に加担させた。

特勒大奈は葛薩那可汗とともに隋の煬帝の時に投降した者たちであったが、葛薩那と同じく隋の煬帝の高句麗への侵略に従事、いわゆる遼東攻略の「功労」によって金紫光禄大夫の品階を受けた[3]。

思摩は、詰利可汗の族属であったが、始畢可汗と処羅可汗の認定を受けられなかったので、兵権を持つことができず、隋末・唐初（618年）を前後した時期に唐へ投降した。彼は、そのような突厥酋長の一人であった。彼は唐に対して積極的に服務したので、和順郡王の冊封を受け、後に右撫衛大将軍和順都督に任命され、詰利可汗の以前の部落を河南の地において統率することとなった。唐は、突厥勢力を懐柔するために、その族群が昇州と和州の間において遊牧生活することを承諾した。そして思摩に右撫衛将軍の称号を与えた。思摩は、自分の数万名の騎兵を率いて、唐太宗の高句麗への侵略に積極的に加担したが、彼自身は高句麗の兵士の矢に当たって重傷を受け、それが原因となって唐の首都において死去した[4]。

以上において考察したように突厥は、200年間の存続期間、ゴビ砂

漠一帯に割拠して、高句麗と境を接していた。そして時には、独自的勢力として、時には隋と唐について高句麗へ侵入してきた。歴史資料に見えるものだけでも、それは1～2に止どまることなく、頻繁であって、そして彼らの武力を無視できないものであった。このような事実は、高句麗をして突厥に対して伸縮性があり、そして積極的に対応することが要求された。まさに突厥は、過小評価すべきでない危険な勢力であった。だから侵入して来る時には、大打撃を与えるが、一方においては積極的な外交攻勢によって懐柔包摂し、彼らの矛先を高句麗へ向けないようにした。

　このような歴史的背景から高句麗は、突厥へ度々使臣を派遣するようになった。そのような使臣の一部が、文献資料に、また、壁画という考古学的資料などに、歴史的事実として見ることができるのである。

　注
(1)　突厥が高句麗の新城を攻撃してきた551年は誤った記録で、552年の誤記と思われる。けれども騎兵集団を基本とした突厥の軍事体制下で、突厥の一部の集団が、高句麗の北方に位置した新城を国家成立後、数ヵ月後に即時攻撃することもありうると思われる。
(2)(3)　『旧唐書』巻一九四、列伝、突厥条によれば、隋の煬帝は614年に葛薩那可汗（処羅可汗）に王室公主と結婚させるほど、たいへん厚い待遇を行なった。そして西突厥の酋長処羅可汗は、煬帝の高句麗侵略に自分の武力を押しつけた。
(4)　『旧唐書』巻一九四、上、列伝、突厥上。

2．607年、啓民帳幕への使臣派遣

　581年に北周王室の外戚楊堅（541〜604年）は、北周を滅ぼして、隋を創建した。587年には、後梁（555〜587年）を滅ぼして、中国の北部地域を統合した。引き続いて589年には、長江以南の陳（557〜589年）を滅ぼして、国土を再び統一した。

　隋は、陳が滅亡した翌年の590年に、高句麗に対する露骨な侵略企図を現わしながら、高句麗王に威脅・恐喝が含まれた書簡を送った[1]。

　598年に至って、隋は遼西地方に武力を集中させ、高句麗に対する侵略をいそいだ。このような緊迫した情勢の中で高句麗は、当然、自衛的措置を取らなければならなかった。高句麗は、598年2月に1万余名の屈強な騎兵でもって隋の侵略軍の本拠地である営州を撃った[2]。

　隋は、この事件を、全面的な戦争挑発の絶好の口実とし、100万の侵略大軍を動員して、598年6月に侵入した。けれども「死んだ者が、十中八九であった」[3]と、伝えられているように高句麗の圧倒的な勝利に終わった。この戦争は、隋にとっては惨憺たるものであった。

　隋は、598年の高句麗侵略の大惨敗から教訓を探しだす代わりに、もっと暴悪になって高句麗への侵略に狂奮した。604年に父王を毒殺して皇帝の位に登った煬帝の［高句麗への侵略企図は］極度に達した。

　605年、隋の侵略軍は、突厥の啓民可汗の軍隊をもって遼西地方の契丹族4万余名を殺傷・捕虜にし、高句麗への侵略拠点とした。このような隋の高句麗への侵略の露骨化は、高句麗においては隋の企図に対して、積極的に対応せざるをえなくした。

　高句麗は、2方面において隋の侵略に対処した。一つは内部を強化しながら、防備を厳重にする対策であり、他の一つは隋と、そし

て隋の侵略武力の一翼として先鋒隊になっている突厥との関係の改善であった。

既述のように隋は、583年に突厥の内部紛争を利用して、相互に離間させながら(4)、彼らを積極的に引き入れた。突厥が、東西に分裂するようになった直接的契機も隋が、突厥を離間撃破したのに始まった。

583年6月、突厥が隋へ使臣を派遣して和親を請うたことに基づいて、翌年2月には突厥の蘇尼部の男女1万余名が降伏した。また、突厥可汗阿史那玷が、族属を率いて投降した。その後、突厥の名高い酋長らが引き続いて隋に降伏した。もっとも大きなものは、584年7月の沙鉢略可汗の投降であり、また、591年4月の雍虞閭可汗の使臣派遣と、599年の突利（啓民）可汗の投降であった。

啓民可汗とは、沙鉢略可汗の子であり、染干と呼ばれた突厥酋長である。号は突利可汗であるが、北方のモンゴル地方に位置しながら、隋に度々使臣を派遣して婚戚関係を結ぶことを要求した。隋は、突利可汗に宗室の娘安義公主を嫁にやりながら特別待遇をした。隋の離間策動に騙された突厥の一酋長である雍虞閭可汗は、隋と突利可汗を憎んで引き続き敵対的に動いた。隋は、突利可汗に意利珍頭啓民可汗の称号を与え、朔州に大利城を築いて住まわせた。彼の妻の安義公主が死亡した後には、再び宗室の義成公主を嫁にやった。しかしながら雍虞閭可汗の攻撃が止まないので、隋は再び啓民可汗を懐柔するために長城の内側にある夏州と勝州との両砂漠地帯の数百里区間を啓民可汗の放牧地として提供した(5)。

隋は、啓民可汗を引きつけるために彼が衣服を漢式に改めることを提起した後、彼が3,000頭の馬を献じた代価として、1万3,000段の絹布を与えたが、それでも不足すると、啓民と彼の下にいる3,500名に達する群小酋長たちに30万段の絹布を与えた。一方、隋の煬帝は、啓民と関係が悪かった突厥の酋長に対しては武力行動を断行した。

このようにして東突厥のほとんどが、啓民可汗の統制下に入るようになった。

　要するに隋は、突厥を武力行動と懐柔欺瞞・離間政策の実施などによって統制した。つまり、突厥勢力に対する統制権を啓民可汗が握るようにする「以夷撃夷」の狡猾な手法をとった。それが功を奏したのであった。

　しかしながら啓民可汗は、あくまでも隋の力を借りて、自己の勢力の維持のみに努めただけで、心の底から隋に服属する考えはなかった。それ故に彼が、衣服を隋式に改めようとか、隋の公主を嫁とりしようとかなど、何かとしたのも、彼なりの一つの欺瞞に過ぎなかった。利害関係が抵触すれば、いつ何処においても反旗を翻す存在であった。やや後世のことであるが、彼の子である始畢可汗は、隋の公主を嫁取りすることを提起し、また、「朝貢」も献じ、衣服を漢式に改めることを提起したが、煬帝が避暑のために長城近くの汾陽宮に入って行くや、にわかに数十万名の突厥騎兵を率いて奇襲した。煬帝は、突厥へ嫁にいった義成公主が事前に事変を知らせてくれたおかげと、周辺の城などの軍士が馳せ参じて悪戦苦闘した結果、ようやく命からがら逃れることができた[6]。

　これらのすべてのことは、高句麗をして啓民可汗との関係改善をより積極化することが重要であった。実際に啓民可汗は、605年に突厥に圧倒されて高句麗の保護を受けるようになった、遼西地方の契丹族の4万余名を殺傷・捕虜にしたことがあった[7]。

　この時、遼西地方の契丹族は、1万余戸も高句麗を頼って移住して来た。契丹は、高句麗から鉄器を買い入れて利用するなど、政治・経済・文化的に高句麗に少なからず依存して生活する存在であった。

　このような歴史的環境の中において高句麗は、啓民可汗の帳幕へ使臣を派遣したのであった。それは607年のことで、啓民可汗が高句

麗の保護を受けている契丹を撃った2年後のことであった。

隋の煬帝は、607年に辺境を視察するため、長城付近に行幸した。煬帝は、そこにおいて100万名の壮丁労働力を徴発して、楡林郡（勝州）から紫河までの長城を修築した。この時に死んだ者が、10名中5、6名であったという。これに先立って啓民可汗が、自分の子供、または甥を送って隋に臣属することを請うた。ある時には彼自身が、長城を越えて拝謁することを提起したこともあった。煬帝は、啓民を諸侯王よりも、もっと高い地位につけて突厥を懐柔した。

そして607年8月、煬帝は長城を越えて内モンゴル地方にあった啓民の帳幕へ直接訪ねて行った。その時、ちょうど高句麗の使臣が啓民の帳幕にいた。高句麗の使臣をこれ以上隠すことができなかった啓民は、高句麗の使臣とともに煬帝に会うことになった。煬帝は、高句麗の使臣に高句麗の王が自ら来て降伏することを強要しながら、もし降伏しなければ突厥とともに武力でもって侵略すると、公然と脅かした。

煬帝は、「朕は啓民が誠心で国（隋）を奉ずるので、自ら啓民の帳幕に来たのであり、明年には琢郡（今日の北京付近）に行幸しようと思っている。汝は帰って即日に汝の王に告げ、早く来朝するようにせよ。〔そして〕自ら疑うとか、恐れることはない。そのようにすれば、朕が汝の王を慰撫することを、啓民に対してするようにし、もし訪ねて来なければ啓民を率いて高句麗の地を往巡〔往討〕するであろう」と、威嚇した(8)。

煬帝のおどしは、彼の高句麗への侵略企図を公然と現わした暴言であった。

では、高句麗使臣の啓民可汗への往来は、607年8月が初めてであったのだろうか。

高句麗使臣の突厥酋長啓民可汗への往来は、おそらくこの時が初めてではなかったであろう。煬帝が、モンゴル砂漠にあった啓民可

汗の帳幕へ行ったその日、高句麗使臣と偶然に会うようになったのである。それ故に高句麗使臣の突厥への往来は、たいへん頻繁に行なわれたと見るべきである。これは高句麗の隋への使臣派遣の状況を見れば、よくわかる。

　高句麗は、突厥だけではなく隋にも度々使臣を派遣した。『三国史記』と『隋書』によれば、隋の開皇元年（581年）から隋の文帝が、高句麗へ100万の大軍で侵入する時まで（598年）、10回ほど使臣を派遣した。この時の使臣派遣は、「方物を献じる」封建的な貿易去来であったが、実は、高句麗がそれを通じて、隋の内部状況を探知することに目的があった。

　この過程で高句麗の使臣は、隋の内政を正確に把握する一方、突厥とも接触した。例えば、584年4月丁未日に隋の文帝（楊堅）は、大興殿において隋に来訪していた高句麗と突厥（使臣）のために宴会を催した。また、600年1月には仁寿宮において高句麗と突厥・契丹の使臣たちが、隋と「朝貢」形式の貿易交易を行なった。このような宴会席上においては、当然諸国の使臣が集まるのであるが、このような場所で高句麗の使臣は、突厥の使臣と接触したであろう。

　要するに高句麗は、隋と突厥へしばしば使臣を派遣して、隋に高句麗への侵略を止めるように工作し、また戦争が不可避的になった場合には、敵の軍事的な動きを正確に把握しようと努めた。589年2月、高句麗の騎兵による営州に対する先制的攻撃は、前年の5月にあった高句麗使臣の隋への入国と、まったく無関係ではなかったであろう。

　また、高句麗使臣による啓民可汗突厥酋長の帳幕への行脚は、高句麗侵略に合勢する場合の利害得失について強調されたであろうし、突厥は隋に反対する戦いはできないが、最少限中立を守ることが、約束されたであろうと、思われる[9]。

　高句麗は、まさに、東突厥の実権者である啓民可汗に対して、煬

帝の高句麗侵略に加担しないように、彼の帳幕へ使臣を派遣したのであった。このような使臣の派遣は、成果を収めたものとみえる(10)。

　高句麗使臣の啓民可汗への往来は、1、2回ではなかったであろうし、頻繁に行なわれた使臣の往来活動は、啓民可汗をして隋煬帝の高句麗侵略に加担しないように働きかけた。啓民は、2年後の609年に病で死去し、その子の咄吉世が可汗の位を継承したが、彼が始畢可汗であった。始畢可汗は、初めの頃は父の政策を踏襲して隋に対してぺこぺこしていたかのようであったが、隋の高句麗侵略が完全に失敗すると、手の平を反すように、隋に叛旗をひるがえしたし、既述のごとく、615年（大業11年）8月、煬帝を撃殺するために汾陽宮を包囲攻撃するに至った。

　啓民可汗の後継者始畢可汗が、このような行動に出たこともやはり、高句麗使臣の啓民可汗の帳幕への往来と、なんらかの関係が作用したものと思われる。

　注
(1)　『三国史記』巻一九、高句麗本紀、平原王32年条。
(2)　『隋書』巻八一、高麗（高句麗）条。
(3)　『資治通鑑』巻一七八、開皇18年9月己丑条。
(4)　北周に替わって立ち上がった隋は、突厥と絶え間なく接触を持ちながら、戦争を行なった。開皇元年（581年）から3年まで突厥が、大規模的に隋へ侵入したことが、7回にも昇った。その中で、長城内にまで侵入したこともあった。583年5月に隋が、突厥を多くの場所において撃破したので、隋―突厥関係は一大転換をもたらした。
(5)　『隋書』巻八四、列伝、突厥条。
(6)　『隋書』巻三、帝紀、煬帝、上、大業11年8月。巻八四、列伝、突厥条。

　　当時、始畢可汗は、非常に強盛であったので、東方では契丹・室偽から、西方は吐谷渾・高昌の諸国を服属させ、その軍隊が100万に達

したという。そして彼を名指して「北夷でこれ程、成長したものは、未だかつてあったことがなかった」と、いうほどであった。

(7) 『北史』巻九四、列伝、契丹条。

(8) 『隋書』巻三、大業3年8月乙酉。巻八四、突厥伝。

『三国史記』巻二〇、高句麗本紀、嬰陽王18年条。

(9) 高句麗－唐間における戦争の時のことである。唐の太宗が、高句麗侵略を盛んに準備していた時、北砂漠の勢力集団である薛延陀が、唐へ方物を献上しに来た。その時、唐の太宗は「汝の可汗に伝えよ。わが父子が、今まさに東方の高句麗へ『懲伐』に出立しようとしているが、汝は先頭に立って攻撃することができるであろう。当然、早く来るべきである」と言った。その話を伝え聞いた薛延陀の支配者である真珠可汗は、恐れ震え上がりながら使臣を唐へ送るとか、何とかしながらおべっかを使って騒ぎたてた。そして使臣をして謝罪するとか、自己の軍隊を送って唐の軍隊を援助するなど、［口走りながら］そわついていた。

ところで、645年8月、安市城の戦いがあった時、莫離支（淵蓋蘇文）は、使臣を薛延陀の真珠可汗に送って、彼をして利害得失を強調する一方、厚く待遇するようにした。安市城戦闘の時、大将軍の官職を受けた阿史那頭伊の1,000名の突厥兵が戦闘に参加した。すると真珠可汗は、高句麗の淵蓋蘇文を恐れて、あえて軍隊を高句麗侵略に送ることはもちろん、少しも動かなかった。真珠可汗は、突厥の一派である阿史那頭伊と異なり、高句麗と唐に挟まれて身動きができず、高句麗使臣と会った翌月の9月に急死してしまった（『資治通鑑』巻一九八、唐紀、太宗貞観19年条）。

おそらく唐の太宗の要求どおりのまま、高句麗侵略に軍隊を送れば、虎のような高句麗の淵蓋蘇文が怒るであろうし、また、送らざるを得ない立場でもあった。そのうちに苦悶して脳卒中に罹って死んだようである。

ここにおいてもみられるように高句麗は、国の安全のために積極的な対外攻勢をくり広げ、最大に敵の侵略力量を分散・弱化させる活動をたくみにくり広げた。

(10) 高句麗が、国家安全のために、いろいろな使命を帯びた使臣を外国へ派遣したのは、ただ、隋と砂漠の遊牧国家突厥に限らなかった。海を越えた日本列島にも頻りに使臣を派遣した。

『日本書紀』によっても6世紀後半期以後、西部日本を基本的に統合した日本の大和政権に派遣した正式の高句麗使臣は、668年まで23回に達した。ここには高句麗嬰陽王の指示で日本へ派遣された高句麗の僧恵慈（595年）・曇徴をはじめ多くの学僧たちは、含まれていない。

この高句麗使臣と先進文化を所有した高句麗の文化人が、日本において政治・経済・文化の全分野で積極的な活動を行ない、遂には伽耶―百済的な大和政権内に親高句麗勢力が形成されるようになった。そのような活動は、隋の滅亡と唐の台頭に前後して活発になった（『朝鮮古代及び中世初期史研究』教育図書出版社、1992年、162～197頁参照）。

日本における親高句麗勢力の形成は、いろいろな意味で意義深いことであった。実際に記録で高句麗の滅亡に際して親高句麗の勢力の活発な動きを探知することができる。多分、隋と突厥へ行った使臣が、その方面で大きな役割を演じたと思う。

3．7世紀中葉、サマルカンドへの使臣派遣

　高句麗は、650〜655年の間に「シルクロード」の中継都市サマルカンドへ使臣を派遣した。内外の史家が、ほとんど一致して認めているように、アフラシャブ宮殿の壁画に描かれた使臣一行の国籍は、高句麗であり、新羅ではなかった。

　ところで問題は、高句麗が何故に遥かに遠い国、遠い地域へ使臣を派遣したのであろうかと、いうことである。

　7世紀中葉といえば高句麗は、唐と交戦状態にあった。唐は、645〜648年の期間に数回にわたって数十万の大軍を投入して、高句麗侵略戦争を挑発した。この戦争が、大惨敗に終わった後にも唐は、執拗に高句麗へ軍隊を派遣したので、高句麗は平和で安静した日々を送ることができなかった。これに対処して淵蓋蘇文将軍は、唐と北方の突厥に対して時期適切な措置を講ずる他はなかった。

　高句麗が、西突厥地域へ使臣を派遣するようになった直接的契機は、西突厥酋長の1人である阿史那賀魯の反乱事件であった。高句麗は、唐を牽制するための政策に阿史那賀魯の反乱を有利に利用することに着眼したのである。

　阿史那賀魯は、西突厥の酋長曳歩利設射匱の子であるが、648年（唐の貞観22年）唐へ帰順した。それで唐は、648年に阿史那賀魯を昆丘道行軍総管・尼伏沙鉢羅葉護に任命し、西突厥において未だ「帰順」しない勢力を討伐するようにした。

　ところで、651年に左驍衛将軍であり、瑤池都督である阿史那賀魯が勢力を糾合して唐の太宗の死去を契機に大規模的反乱を起こした[1]。彼は西州（新疆吐魯番県一帯）と庭州（高昌、新疆一帯）を襲撃する計画を立てて実践に移した[2]。彼は、わが子咥運とともに西方へ移動して乙毘射匱可汗を撃破して、その勢力を合わせて、双河（新疆地

方）と千泉（パミール一帯にあった石国に隷属された地帯）に本拠地を置いた。この勢力は、たちまちにしてその一帯の勢力を傘下に収めた。咄陸五綴と努失畢ら、当時、西域一帯の勢力家は、これに合勢して「勝兵（精鋭な軍隊）数十万」と豪語するようになった。賀魯は自分を沙鉢羅可汗（いしゅばる）と称し、子桎運を幕賀咄葉護に任命した。そして乙毘咄陸可汗と連合して處月（焉耆一帯）・處密などの地の西域一帯へ進出した。

沙鉢羅可汗の西州・庭州の陥落によって、その一帯の唐の統治体系は、麻痺状態に陥った。狼狽した唐は、左武衛大将軍梁建方・右驍衛大将軍契必何力を弓月道行軍総管に任命し、右驍衛将軍高徳逸・右武衛将軍薩孤らを副総管とし、珍州などの地の3万名と希屹（ウイグル）の軍隊5万騎を動員して沙鉢羅を撃つようにした。このような時に處月（焉耆新疆一帯）の州使が、唐が派遣した慰撫使を殺害して、沙鉢羅と連合した。

そうしている内に、653年に一つの突発事件が発生した。それは、その年に西突厥の乙毘咄陸可汗が死亡して、その子達度が真珠葉護と称しながら、個人的感情から沙鉢羅を攻撃した。唐は、達度を引き寄せるために使臣を派遣して彼を達度可汗に冊封した。このような攻防戦が継続されて、ついには沙鉢羅可汗が達度可汗の部落を占めるようになった。

657年に至り、唐は蘇定方を左驍衛将軍伊麗道行軍総管に任命して北道において沙鉢羅可汗を撃つようにした。一方、西突厥の投降した酋長である右武衛大将軍阿史那弥射と彼の族兄である左屯衛大将軍歩真を流沙安撫大使に任命して南道において以前の群れをかき集めて沙鉢羅を撃つようにした。このように包囲された状態で、657年12月に蘇定方・薛仁貴らが、伊麗河の東方において沙鉢可汗と対陣し、激戦をくり広げるようになった。沙鉢羅は、10万の騎兵で迎え撃ったが敗れて逃れた。そしてこの反乱事件は、7年間も継続した

後、幕を閉じた。

　阿史那賀魯（沙鉢羅可汗）の反乱は、7年間にわたって持続された大規模な事件で、唐の西方経略における一大衝撃的事件であった。高句麗は、この反乱事件を有利に利用しようと考えたものと推測される。

　では、西突厥と康国、すなわちサマルカンドは、どのような関係にあったのであろうか。

　サマルカンドは、大きくない都市国家であった。『隋書』（巻八三、列伝、康国）によれば、その国の王は大悉畢と呼んでいたが、人となりが寛大で厚く、すこぶる人心を得ることができた。彼の妻は、突厥の達度可汗の娘であるという。

　また『旧唐書』（巻一九八、列伝、康国）に「隋の煬帝の時、その国の王である屈述支王が、西突厥の葉護可汗の娘を嫁取り、そして西突厥に臣属するようになった」と記述している。同じ『旧唐書』（巻一九四下、列伝、突厥、西突厥）によれば、乙毘沙鉢羅葉護可汗の時、亀茲国から焉耆国・吐火羅国・石国・沙国・夏国・木国・康国など西域のすべての国々が、その拘束を受けるとある。

　このような事実は、何を示しているのだろうか。それは、サマルカンドが突厥（西突厥）の統制を受ける国であり、西突厥と代々にわたって姻戚関係を結んできたということである。おそらくサマルカンドは独立的でありながらも、西突厥と姻戚関係でもって、その保護を受ける存在であったようである。

　高句麗の使臣は、沙鉢羅可汗の反乱を契機にして、彼らと関係を結ぶために西突厥地域に行った後、西突厥と複雑ながらも微妙な関係にあった隣接地帯であるサマルカンドへ立ち寄ったようである。高句麗の使臣が、所期の目的を達成した後、持参した朝鮮の絹を他の品物と交易するために、美しい水上の都市国家であり、絹中継の都市であるサマルカンドに寄ったのか、そうでなければサマルカン

ドの国王ワルフマンと会う用事が生じたのか、定かではない。ともかく、高句麗は数万里も離れた西域へ使臣を派遣して、国際的版図において積極的な外交活動を行なった。高句麗は、彼らが掌握していた道―シルクロードを経て砂漠の道を横断した。宮殿の壁画に描かれた高句麗の使臣は、たった２名であるが、それは正使と副使であったろうし、彼らに随行した多くの高句麗人は彼らと行動をともにしたであろう。

　注
(1)(2)　『資治通鑑』巻一九九、唐紀、太宗貞観22年12月戊寅条。高宗永徽２年正月条。

　　　　　　※　　　　　　　　※　　　　　　　　※

　上において考察したとおり、初めは武装衝突によって関係を結び始めた高句麗と突厥の関係は、200年間の歴史を有し、それは668年、高句麗の滅亡によっていったん幕を下ろした。けれども高句麗の伸縮性がある対外活動と突厥勢力圏への進出は、歴史に様々な余韻を残すこととなった。それは、高仙芝父子と木綴可汗において集中的に表現された。

　668年に高句麗は、たとえ終末を告げはしたが、高句麗の存在した時期に突厥の勢力地帯であるゴビ砂漠一帯に多くの足跡を残した高句麗の人々は、国が悲劇的な終末を告げた後も、唐の領土内に居住することを拒否した。彼らの中には、突厥の地に移住して生活しながら、唐に反対して戦う人々が少なくなかったのである。

　一方、唐に行った高句麗の将帥らの中では、以前に突厥の地において活動した経験に基づいて高舎鶏・高仙芝（？～755年）父子のように西域一帯において猛活躍をする人々も少なくなかった。黙綴可汗（693年以前即位～716年、一名カパカン可汗）は、突厥第二帝国の第

１代可汗である骨咄可汗（682〜691年、一名イリテリシュ可汗）の弟であって第２代可汗である。彼は、兄が死去すると、その子（甥）が幼いことをみて、その位を簒奪して酋長の位についた。693年に彼は軍隊を率いて唐の領土を襲撃したが、この時から、唐とは敵対関係になった。ところで、彼の婿は、高句麗の莫離支高文簡であった[1]。

　唐は、黙綴可汗を牽制するために彼の婿である高文簡に左衛員外大将軍の官職を授けて遼西郡王にまで冊封した。高文簡が、高句麗の最高官職である莫離支の位にあったのは、高句麗の滅亡以前か、以後（高句麗小国）かは定かではないが、突厥の実権者である黙綴可汗の婿が、高句麗の最高官職の位にあった高文簡であったということは、大変示唆的であり、高句麗－突厥関係を間接的に垣間見せてくれる資料として注目できるものである。

注
(1)　『旧唐書』巻一九四、列伝、突厥下。

訳者あとがき

　私が『朝鮮の絹とシルクロード』に初めて接触したのは、2001年8月のことである。この本の著者である曺喜勝博士は、以前から一応の面識はあったが、それほど親しくはなかった。同年の夏に朝鮮民主主義人民共和国を訪れ、諸先生との交流も一段落し、曺喜勝博士のお世話で『四溟集』と『松雲大使奮忠舒難録』の貴重な史料を入手し、帰国の前日に『朝鮮の絹とシルクロード』をいただいたのである。日本に帰ってから、直ちに3回ほど精読した後、私たちの会報である『社協大阪』の第11号（同年12月刊）に書評を書くと同時に、朝鮮学会の研究成果であるこの書籍をば、日本の人々にぜひとも紹介すべきものであると強く思った。

　それから、5，6年近くの歳月が過ぎた。この5年間、私は「四溟堂惟政［松雲］大師の生涯と思想［仏教教理に基づく護国思想］」の研究に没頭していた時期であった。仏教研究を初歩からはじめねばならなかった事情と関連して、意外にも時間がかかった。それは、惟政大師が、仏教徒であり、仏教経典に深く精通している仏僧である大師が、壬辰戦争［文禄・慶長の役］という有史以来の民族最大の危機に遭遇して、錫杖を剣に持ち替えて民族の敵を撃滅するための聖戦に臨み、多大の戦果を挙げたばかりでなく、外交官としての功労も至大であった。惟政大師が、どのような考えで戦場へ臨んだのか。また、それは仏教教理とどのような関連があるのだろうか、という疑問を解明することにあった。その解明もほぼ終わったので、年来の訳に取りかかり、それも完成を見たのである。

解放後、朝鮮の歴史学界においては、日本帝国主義の官辺学者によって歪曲された朝鮮の歴史像を正すことが急を要する課題であった。
　それは、彼らの朝鮮史研究は、「日本の朝鮮・大陸侵略と軌を一にして進展し、日本人の独断場であった。……研究を通じて明らかにされた朝鮮史像は、日朝同祖論・停滞論・他律性論など朝鮮の負の側面を強調するものばかりであった」。これらの論は「日本の朝鮮支配の正当性と朝鮮の後進性」を主張することによって「現実に目の前で展開する植民地支配を肯定する理論的根拠となった」ばかりでなく「教育の現場を通じて後進性を強調した暗い朝鮮史像を国民のあいだに定着させていったのである」（明治大学人文科学研究所叢書『植民地主義と歴史学』刀水書房）という実情と密接に関連していたからである。
　解放後、朝鮮の学界における研究成果の一つが、楽浪文化についてただしたことである。それが本書の第2章の絹糸・絹布にあらわれている。
　日帝の官辺学者たちは、楽浪遺跡に対する約40年間にわたる調査事業によって、70余基の古墳、四つの土城を発掘調査し、それらを根拠にして「楽浪＝平壌説」を主張したのである。朝鮮の解放後、1990年代前半までピョンヤン一帯の楽浪遺跡に対して、板槨墓850余基・木槨墓200余基・塼槨墓1,000余基・甕棺墓600余基、計2,650余基が新しく発掘調査された。そして4つの土城が再調査された。そこから、1万5,000余点にも昇る多数の新しい遺物が出土したのである。
　これらを総合的に研究した結果、日本の官辺学者と遺物偽造者による「楽浪郡＝平壌説」の不当性を明らかにしたし、そして「楽浪遺跡の朝鮮的性格を実証した」のである（全浩天『楽浪文化と古代日本』雄山閣）。すなわち、「楽浪＝平壌説」は、崩壊したと言える。

さて、本書の内容について基本的なものを簡単に述べることにしようと思う。

第1章においては、文献資料と考古学的資料からの検討と、繭の品種学的考察によって、朝鮮の養蚕は、約6,000年前から行なわれており、それは朝鮮の土種の三眠蚕で朝鮮の独自的な蚕であり、この三眠蚕の繭から繅いだ絹糸は軽くて暖かく、そして染色しやすい特徴があることが述べられている。

第2章においては、まず、ピョンヤン市楽浪区域を中心とするピョンヤン一帯から解放前・後を通じて出土した古代絹を測定した結果、絹布の糸の繊維は、太さが非常に細かく2d（denier．糸の繊度を表わす単位）に満たないで、したがってその糸は、朝鮮の三眠蚕の繭を繅いだ糸であることが確認されたことが述べられている。

第3章においては、朝鮮中世期におけるシルクロード＝交通路の範囲を時代の発展とともに拡大・延長したとしている。すなわち、西方へは中国そして中央アジア、さらにイラン・地中海沿岸へと、東方へは朝鮮の南＝百済・新羅、さらに日本へと、北方へは北アジアの草原地帯の諸国家との交通、南方へは南海上の海上交易路を含ませている。

この時期のシルクロードは、絹織物だけでなく、それを中心にして結ばれた東西文化・文明の交流にまで高められたとしている。

最後に付録として「6～7世紀の高句麗―突厥関係」について述べている。突厥は、6～7世紀の200年間ゴビ砂漠一帯において活躍しながら高句麗と境を接していた。そして突厥は、ある時期においては独自的な勢力として存在し、また、ある時には中国の隋や唐について高句麗へしばしば侵攻してきた。このような事実は、高句麗をして突厥に対して積極的で柔軟性ある対応が求められた。そこで、高句麗は積極的な外交政策によって、突厥を懐柔包摂して突厥の矛先を自己に向けないようにしたのである。

最後になりましたが、本書の刊行にあたり、こころよく引き受けてくださった（株）雄山閣の宮田哲男社長ならびに面倒な編集作業に当たってくれました宮島了誠編集長と編集部の方々に厚くお礼申し上げます。

　2007年3月15日

金　洪圭

【著者略歴】
曺　喜勝（ゾォ・ヒスン）
1952年7月10日　岡山県倉敷市で出生
　金日成総合大学歴史学部朝鮮史科卒業
　社会科学院研究員（四年制学士班）卒業
　社会科学院博士院（三年制博士班）卒業
　現在、教授・博士、社会科学院歴史研究所所長
〈主な著書〉
『伽耶史』・『初期朝日関係史』上・『百済史研究』・『朝鮮全史』四・『朝鮮手工業史』一・『朝鮮歴史講座』・『説話三国史』・『百済一倭関係』
他に多数の単行本著作と論文がある。

【訳者略歴】
金　洪圭（Kim Hon giu：キム・ホンギュ）
1928年5月6日　朝鮮慶尚北道にて出生
1953年3月　広島文理科大学文学部史学科卒
1962年3月　京都大学旧制大学院卒
〈主な著書〉
『朝鮮戦争秘史』・『秀吉・耳塚・四百年』（編著）
〈論文〉
「京都『耳塚』について」・「備前香登有の『千人鼻塚』を訪ねて」・「四溟堂惟政大師の生涯と思想について」Ⅰ・Ⅱ・Ⅲ・「北関大捷碑について」　その他、多数あり。
〈翻訳〉〈共訳〉
『古朝鮮問題研究論文集』・『高句麗の文化』同朋舎刊・『五世紀の高句麗文化』雄山閣刊

朝鮮の絹とシルクロード

2007年7月5日　印刷
2007年7月20日　発行

著　者　曺　　喜　勝
訳　者　金　　洪　圭
発行者　宮　田　哲　男
発行所　株式会社　雄　山　閣

〒102-0071　東京都千代田区富士見2-6-9
振替：00130-5-1685　電話：03（3262）3231
FAX 03-3262-6938
組　版　株式会社富士デザイン
印　刷　新製版株式会社
製　本　協栄製本株式会社

ⓒKim Hon giu 2007 Printed in Japan　　ISBN978-4-639-01990-9 C3022